红棉论丛
中共广州市委党校

# 在"四个出新出彩"中
# 实现老城市新活力

—— · 之四 · ——

## 现代化国际化营商环境出新出彩

孟源北◎编著

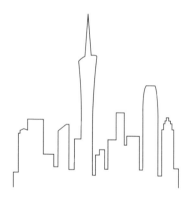

**SPM** 南方出版传媒 广东人民出版社

· 广州 ·

# 目<br>录

contents

**第一篇 ► 总  论**

打造具有全球竞争力的营商环境广州样本 / 002

构建经济高质量发展体制机制  营造现代化国际化营商环境 / 024

广州加快构建营商环境评价指标体系的对策建议 / 035

**第二篇 ► 分  论**

深化建筑许可审批改革  创新谋划工业用地 / 046

深化工程审批制度改革  创新工业用地全流程精细化管理 / 056

坚决清理"僵尸企业"  优化国有企业资本结构 / 062

完善政策环境  助力广州建设跨境电商枢纽城市 / 067

优化营商环境  促进汽车类跨境电商业务发展 / 075

大力推行基础设施建设  打造大湾区区域发展核心引擎 / 078

粤港澳大湾区框架下跨境贸易法律规则衔接 / 083

优化政务服务环境  建立政务大数据征信平台 / 090

运用区块链金融优化中小微企业融资环境 / 099

优化金融信贷环境  推动银行信用卡业务高质量发展 / 111

完善知识产权保护制度　推动实体零售业高质量发展　/ 120

优化政府服务环境　推动工程咨询行业品牌释放新活力　/ 126

打造国际科技创新中心的法治化营商环境　/ 130

优化创新创业生态环境　深化粤港澳青年交流合作　/ 136

附　录　《广州市推动现代化国际化营商环境出新出彩行动方案》　/ 145

后　记　/ 156

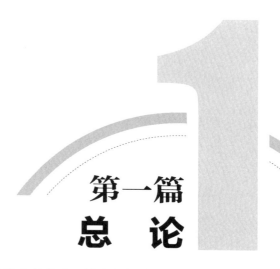

# 第一篇
# 总 论

- ▲ 打造具有全球竞争力的营商环境广州样本
- ▲ 构建经济高质量发展体制机制　营造现代化国际化营商环境
- ▲ 广州加快构建营商环境评价指标体系的对策建议

# 打造具有全球竞争力的营商环境广州样本

　　优化营商环境是以习近平总书记为核心的党中央提出的经济发展新方略，也是党的十九大之后"放管服"改革的重要取向。良好的营商环境不仅是一个国家或地区经济软实力的重要体现，更是一个国家或地区提高综合竞争力的重要方面。在各类资源全球配置的时代，企业、资本与人才正逐步成为各国之间竞争的对象，如何提升城市乃至国家的营商环境已然成为当下各级政府面临的首要课题。近年来，广州坚持将营商环境打造作为全面深化改革以及推动实现政府治理体系和治理能力现代化的重要抓手，奋力打造全球企业投资首选地和最佳发展地，着力提升全球资源配置能力，不断强化粤港澳大湾区核心增长极功能，在激发市场和社会活力、释放创新创业创造动能以及带动腹地发展方面发挥了重要的引领作用。作为改革开放的先行区，未来广州仍应牢牢把握已有优势，坚持贯彻落实习近平总书记关于优化营商环境系列指示批示精神，对标全球先进经济体，以更高要求、更高标准和更高质量推动改革再出发，通过构建开放、平等、互动、协作、共享的营商环境为广州经济发展提供源源不断的动力和活力，为进一步推动粤港澳大湾区深度融入全球经济贡献力量，也为全国各地营造良好营商环境提供可资参考和借鉴的广州样本。

## 一、广州打造具有全球竞争力营商环境的重大意义

### （一）为广州汇聚全球要素资源提供重要支撑

　　随着新一轮科技革命和产业变革的加快推进，全球化、信息化和网络化深入发展，创新要素和跨国资源流动愈发活跃，营商环境的优劣直接决定了高端要素资源的流向与集聚，是地区经济软实力和竞争力的重要体

现。特别是在大湾区建设背景下，进一步优化营商环境、推动现代化国际化营商环境出新出彩，是广州增强粤港澳大湾区区域发展核心引擎功能的必然选择，也是推动实现经济高质量发展的客观需要。广州打造具有全球竞争力的营商环境，有助于培育浓厚的创新创业氛围，大力吸引和及时对接全球创新资源，进一步加快国际创新人才、技术等要素集聚，形成具有全球影响力的国际化创新生态圈，构建具有全球竞争力的创新型产业新体系，为广州汇聚全球要素资源、带动粤港澳大湾区成为全球经济发展的重要增长极提供内在支撑。

### （二）为广州形成全面开放新格局注入发展动力

营商环境是一座城市走向世界的名片，也是城市参与全球合作的核心竞争力。当前国际、国内和城市之间的三元竞争格局不断加剧，以投资和贸易自由化、便利化为标志的国际化营商环境正成为国家和地区竞争的核心。广州打造具有全球竞争力的营商环境，有利于强化广州在国家对外开放战略中的地位和功能。有助于推动广州与粤港澳城市群之间的机制对接，从而推动珠三角城市全面接轨国际规则、国际惯例，形成统一开放、竞争有序的湾区大市场，降低各种要素自由流动的阻隔和综合成本，推动各种生产和生活要素在区域内更加便捷流动和高效配置，为广州在"一带一路"战略中发挥引领和示范作用，打造最具发展空间和增长潜力的国际大都市注入强大的发展动力。

### （三）为广州更好发挥国家中心城市辐射引领功能提供新空间

作为全国重要中心城市，广州和其他超大城市一样，也面临着人口过于集中带来的"大城市病"。而加强广州与粤港澳城市群营商环境和基础设施一体化对接，无疑为广州缓解"大城市病"提供了重要的平台和空间。广深港轨道交通、港珠澳大桥、广深沿海高速、虎门大桥等重大工程构成了其主体骨架，白云机场、广州南站、南沙港将深度融入大湾区交通网络中，广州与腹地间的交通联系将会更加便捷。通过建设国际航空枢纽、国际航运枢纽、国际科技创新枢纽，广州作为粤港澳大湾区对外沟通核心枢纽地位将更加凸显。依托粤港澳大湾区优化营商环境的契机，将广州创新、金融、航空航运、会展等要素优势与珠江西岸、粤东西北乃至泛珠三角地区的制造、资源、土地等优势充分整合，广州作为国家中心城市的辐射引领作用必将得到更加充分的呈现和发挥。

## 二、广州营商环境改革的历程与经验

### （一）广州营商环境改革的主要历程

广州是国内较早谋划构建国际化营商环境的城市之一。早在2009年，便出台了《关于加快推进广州市营商环境和做事规则国际化的意见》，力图提升穗港澳合作发展和互利共赢水平，加快建设全省"首善之区"。党的十八大以来，广州又瞄准打造全球企业投资首选地和最佳发展地，在全国率先提出了要营造市场化法治化国际化营商环境的目标，并于2015年审议通过了《广州市建设市场化法治化国际化营商环境三年行动方案（2015—2017年）》，从而开启了营商环境打造的全新历程。2017年7月，习近平总书记在中央财经领导小组第十六次会议上强调，北上广深等特大城市要率先加大营商环境改革力度，营造稳定公平透明和可预期的营商环境。2018年10月，习近平总书记在广东视察时再次强调，广州要实现老城市新活力，在综合城市功能、城市文化综合实力、现代服务业、现代化国际化营商环境方面出新出彩。这无疑为广州营商环境打造提出了更高的要求。近年来，广州牢牢把握大湾区建设机遇，深入贯彻落实习近平总书记的重要指示精神，努力践行"以人民为中心、以企业为主体"服务理念，着眼高水平对外开放和全链条服务体系构建，狠抓制度供给、政策供给、服务供给和技术供给，通过聚焦企业全生命周期发展需求，对标国内外最高最好最优，率先探索、主动作为，在若干重点领域和关键环节取得了实质性的突破，形成了一批可复制推广的好经验好做法，为全省乃至全国营商环境改革探索出了一条新路。综观其改革历程，大致可以分为三个阶段：

1. 广州市营商环境1.0改革

2018年10月，广州制定并经广东省委深改委审定印发《广州市营商环境综合改革试点实施方案》（简称"《方案》"），正式启动了营商环境1.0改革。《方案》共提出8个方面43条举措，具体可概括为"336"：即深入推进压缩企业开办时间、工程建设项目审批制度改革、优化税收营商环境等3大国家级改革试点；推动广州开发区、南沙自贸片区、国家临空经济示范区3个重点区域改革取得更大突破；系统推进投资便利化、贸易便利化、市场监管、产权保护、科技创新、人才发展6项"走在全国前列"改革。

2. 广州市营商环境2.0改革

2019年3月，广州制定印发《广州市进一步优化营商环境的若干措施》（简称"《措施》"），标志着2.0改革正式启动。《措施》聚焦企业和群众最关切的环节，共提出43条任务举措，具体可概括为"1210"：即打造1个全国领先的"智慧政务"平台；争创2个走在前列的国家级试点示范区域［广州高新区（黄埔区）、南沙自贸区］；推进开办企业、办理建筑许可、不动产登记、缴纳税费、跨境贸易、获得电力、获得用水、获得用气、获得信贷、知识产权保护10大重点领域营商环境攻坚工程。同年7月，制定《广州市推动现代化国际化营商环境出新出彩行动方案》，经广东省委深改委审定印发实施，推动改革"再提速"。

3. 广州市营商环境3.0改革

今年1月，广州在加快落实《广州市推动现代化国际化营商环境出新出彩行动方案》的基础上，贯彻国家《优化营商环境条例》，制定《广州市对标国际先进水平 全面优化营商环境的若干措施》（简称"《措施》"），并以市委办公厅和市政府办公厅名义于2020年1月1日印发实施，从而推动了营商环境改革的再出发。《措施》从5个方面共提出了26项改革任务、82条举措，具体可概括为"123"，即坚持1个导向，以市场主体的获得感和满意度为导向，着力提升政务服务市场主体满意度；结合2种评价，以世界银行和国家营商环境评价为标准，聚焦企业全生命周期深化改革，推进"四减一优"（减流程、减成本、减材料、减时间、优服务）；着力打造创新创业创造、国际营商规则衔接和法治化营商环境3个高地。力图通过吸引集聚高端要素，推动广州经济高质量发展，大力营造"人人都是营商环境，处处优化营商环境"的良好氛围。

短短450天的时间，广州营商环境建设便实现了从1.0到3.0的迭代升级。从中，我们不难感受到，广州营商环境改革的程度越来越深、范围越来越广、目标也越来越高。如从表1可见，2018年至2020年"开办企业"总体要求大幅提升。开办企业的办理时间从4天压缩到0.5天。此外，"获得电力"改善也较为明显。改革后获得电力办理时间由最长时限20天缩减到了5天，小微用户获得电力接入实现了零上门、零审批、零成本。在"办理施工许可"方面，广州最大限度简化施工许可审批流程，改革后政府投资类项目办理建筑施工许可时间由90天压缩至85个工作日以内，社会投资类由50天压缩至35天。其他指标也都出现了不同程度的调整和改变。而且与2019年世界银行《全球营商环境报告》的评价指标进行对比，我们也看到，广州多项指标都直逼世界第一。如表2显示，广州开办企业时间不仅在国内最快，而且即将与新西兰持平。项目审批速度与世界第一的香港差距正在缩小。特别是广州黄埔区（开发区）作为广东省唯一的营商环境改革创新实验区，在2018年就提出优化政府投资建设项目前期审批流程，实现政府投资项目审批从立项到施工仅需75个工作日，这已与香港十分接近。水电气接入位于世界前列，不动产登记也赶上了领头羊。此外，广州还明确提出了要对企业运营实行"包容期"管理，即对新设立的"新技术、新产业、新业态、新模式"的经济形态给予1—2年包容期，通过行政指导等柔性监管方式，引导和督促企业依法经营，这样的改革旨向和举措在全国乃至全球都是处于领先地位的。

表1 广州2018—2020年营商环境改革三阶段主要指标对比

| 指标 | | 2018 年 | 2019 年 | 2020 年 |
|------|------|---------|---------|---------|
| 开办企业 | | 4 | 2 | 0.5 |
| 用电报装 | 高压 | ≤ 20 | ≤ 15 | ≤ 5 |
| | 低压 | ≤ 10 | ≤ 3 | ≤ 5 |
| 用水报装 | | ≤ 15 | 有外线工程≤ 10 | ≤ 5 |
| | | | 无外线工程≤ 4 | |

（续上表）

| 指标 | | 2018 年 | 2019 年 | 2020 年 |
|---|---|---|---|---|
| 用气报装 | | ≤ 10 | 有外线工程≤ 10 | 5 |
| | | | 无外线工程≤ 4 | |
| 办理施工许可 | 政府投资类 | 90 | 90 | 85 |
| | 社会投资类 | 50 | 22–50 | 35 |
| 不动产登记 | | 5 | ≤ 4 | 加快实现"4 个 1" |

表2　广州与2019年世界银行《全球营商环境报告》主要指标对比

| 主要指标 | 全球领先水平 | 广州 |
|---|---|---|
| 开办企业 | 0.5 天（新西兰） | 0.5 天 |
| 办理建筑许可 | 72 天（香港特别行政区） | ≤ 85 天（政府投资类）<br>≤ 35 天（社会投资类） |
| 获得电力 | ≤ 5 天（阿拉伯联合酋长国） | ≤ 5 天 |
| 不动产登记 | 1 天（新西兰） | 加快实现"4 个 1" |

　　总体而言，经过3个阶段的持续改革，我们不难看到，广州营商环境正逐步从引领全国走向对标全球，改革成效日趋显著，政府管理与服务流程日益规范，市场主体获得感、满意度显著提升。据有关部门统计，截至2019年12月底，全市实有市场主体232.91万户，同比增长13.24%，其中企业127.71万户，同比增长21.76%，近3年每年企业数量增长均超过两成。高新技术企业突破1万家，外商投资企业3.4万户，306家世界500强企业扎根广州。2019年12月23日，中国社科院发布《中国营商环境与民营企业家评价调查报告》，报告指出，从企业家对营商环境主观评价的角度来看，2018年广州市营商环境综合评分在全国主要城市营商环境综合评分中排名第一。另据华南美国商会发布《2018年中国营商环境白皮书》及《2018年华南地区经济情况特别报告》显示，广州也是2018年中国最受欢迎的投资城市。可见，广州正日益成为一个活力与机遇并存的城市。

**（二）广州营商环境改革的经验启示**

　　总之，广州着眼优化营商环境关键环节，不断完善"一窗式"集成服务、清单管理、跨城通办、一网通办等措施，推行审批服务"马上办、网上办、就近办、一次办"，打造"花城事好办"政务服务品牌，努力打通发展环境中的各种堵点、痛点和难点，积极探索"一颗印章管审批"，在便利企业开办、大幅压缩审批事项、实施推进减税降费、降低实体经济成本、提高贸易便利化、构建信用奖惩体系、优化政务公共服务、解决办事难办事繁等方面取得了突破性进展。通过梳理广州营商环境改革的做法，我们不难发现以下特点：

1. 坚持需求导向，精准施策

优化营商环境绝不是做表面文章，其核心目的应是提高市场主体在企业全生命周期过程中的满足感与获得感。广州营商环境改革始终秉持"一切为了投资者、一切为了企业"的理念，牢牢把握企业需求，聚焦市场主体反映的突出问题，诸如"进入"不便捷；"准入""准营"不同步；融资难融资贵问题较为突出；生产要素成本居高不下；制度性交易成本偏高；知识产权保护工作仍然有待加强等，精准发力，着力为企业提供全生命周期更具人性化和更有特色的服务。主要表现为：建立"企业有呼、服务必应"筹建服务机制，积极推动观念转变。强化主动服务意识，变管理为本为服务至上，更加重视市场主体的主观感知和用户体验。打造全链条服务体系，为企业私人定制行政审批清单，为市场主体提供主题式和套餐式集成服务。推动政务服务标准化和规范化，逐步实现同一事项无差别受理、同标准办理。全面启动好差评制度，将企业感受、群众评价作为根本标准，建设线上线下相统一、多渠道全方位评价体系，以第三方评估作为检验工作成效的标尺，让企业和群众有实实在在的获得感。特别值得一提的是，在新冠肺炎疫情防控期间，广州还主动出击，及时对接企业需求，在政务服务便利化方面陆续出台了多项政策解决企业发展的燃眉之急，并为新开办企业量身打造专属大礼包，依托部门协同切实解决企业实际困难，有效助力了企业复工复产。

2. 坚持创新引领，敢为人先

广州是我国重要的中心城市，也是粤港澳大湾区的核心城市之一，看齐国际一流水平，领跑新时代营商环境，既是广州的目标，也是广州的使命。一直以来，广州坚持以敢为人先的首创精神，主动对标国际先进营商环境规则，着力推动重点领域营商环境攻坚工程并积极争创2个国家级试点示范区，很多做法和举措都走在了全国前列，有效彰显了"广州速度"和"广州效率"。如南沙自贸区坚持制度创新，在全国率先探索"一照一码走天下"和商事登记确认制，企业开办和获得电力便利度全球领先。全国首推5G政务应用，推出"南沙政务全球通办"，70%政务服务事项实现"零跑动"。同时，通过加强承诺信息公示，进一步扩大社会监督，促进社会诚信体系建设，维护宽松准入、公平竞争的市场秩序，有力推进了营商环境的优化提升。2019年，南沙区新增企业45523户，同比增长22.3%；至2019年末，企业总数达12.4万户，较2018年底增长44.8%。广州开发区更是主动为超大城市营商环境改革创新探路，在全国率先推出"来了就办、一次搞掂"行政审批服务、知识产权运用和保护综合改革试验、政策兑现服务等营商环境改革创新品牌。率先开展国家"相对集中行政许可权"和广东省"创新行政管理方式、加强事中事后监管"改革试点，设立广东省首个行政审批局，实现企业投资建设项目"一枚印章管审批"；以服务企业为导向，优化设立全国首个民营经济和企业服务局，专门破解企业"落地难"的瓶颈问题；在北上广深等一线城市中率先成立营商环境改革局，统筹推进及监督全区营商环境改革工作，着力打造"企业家园"全国样板，被众多企业和人才誉为"离成功最近的地方"，并荣膺"2019年度中国营商环境十佳经济开发区第一名"和"2019年度中国营商环境改革创新最佳示范区"。

3. 坚持统筹规划，系统推进

营商环境改革绝不是一个单位、一个部门或是某个程序和某个环节的事情，而是一项涉及上下衔接、前后相续的系统性工程，任何一方面的单边突进都会影响改革的整体成效。因此，必须紧紧把握改革的全面性、系统性和协调性，在加快推进顶层设计的基础上，实现区域之间、层级之间、部门之间以及公私之间更广泛和深度地合作。为此，市委市政府不仅高度重视营商环境改革，并将其作为全市全面深化改革的突破口和着力点，设立全面优化营商环境领导小组，多次召开全市营商环境改革工作会议，周密谋划，系统部署，全力推进营商环境优化升级，体现了极强的全局意识和整体思维。同时始终把优化营商环境和招商引资工作作为"一把手工程"，党政主要领导负总责、亲自抓，层层压实责任，建立健全市区联动、部门协同、齐抓共管的常态化工作机制，形成了强大的工作合力。此外，在改革举措方面，坚持以"放管服"改革为核心打出了一揽子政策组合拳，减少政府寻租、干预市场等行为，打造服务型政府，提高政府服务效率与便利程度，降低企业非制度化交易成本。同时，在科教、交通、人文和法治等城市硬件和软件上齐下功夫，全方位创造良好的商业基础和广阔的市场环境，着力提升城市发展活力，为企业生存和发展提供肥沃的土壤。在政策落实方面，严格践行"企业不跑我来跑"的理念，聚焦企业全生命周期，以流程再造和部门协同为重点，减少审批手续、缩短审批时间、提高审批效率，着力打通营商环境建设的"肠梗阻"和"任督二脉"，力图为企业提供全景式无缝隙的服务。

4. 坚持科技赋能，优化服务

近年来，广州还积极贯彻落实《国务院关于加快推进"互联网+政务服务"工作的指导意见》，着力打造全国领先的"智慧政务"平台，通过一个界面一张表单，实现了同源发布和数据的实时传递。与此同时，大力推进数字政府建设，以"互联网+"为供给方式，以多渠道通办为特点，以大数据云平台为技术支撑的第四代政务中心日渐兴起。如广州市琶洲政务客厅就是第四代政务中心的典型。它通过采取线上一网式办理+线下一窗式办结的政务服务模式，变"群众跑腿"为"信息跑路"，变"群众来回跑"为"部门协同办"，变"被动服务"为"主动服务"，不断提升政务服务水平和群众满意度，获得了区域内企业的一致好评。此外，从2019年下半年开始，广州还全面推广越秀区"四大项一天联办"、黄埔区"区块链+商事登记"、海珠区"全容缺+信用增值审批"改革试点经验，推动线上线下同步改革。印发《关于加快推进开办企业便利化改革的实施方案》，明确推广开办企业一口受理、多项联办，加快建设"广州市开办企业一网通"线上服务平台，同步升级"一窗通办"线下服务，优化"一门进出、一窗受理、一套材料、一次采集、一网通办、一天办结"模式。在今年的营商环境3.0改革中，广州还提出将支持创新创业创造载体建设，打造更多新技术应用场景，深化5G、区块链、人工智能、大数据场景应用，聚焦"人工智能+"形成不少于60个技术领先的应用场景示范项目，这无疑将为持续优化政府服务提供更加有力的技术支撑。

5. 坚持制度先行，强化保障

制度是营商环境持续发展的根本保障。广州着眼国际化营商环境构建，坚持制度先行，不仅先后出台了《关于加快推进广州市营商环境和做事规则国际化的意见》《广州市建设市场化法治化国际化营商环境三年行动方案（2015—2017年）》《广州市营商环境综合改革试点实施方案》、《广州市进一步优化营商环境的若干措施》《广州市推动现代化国际化营商环境出新出彩行动方案》《广州市对标国际先进水平 全面优化营商环境的若干措施》等系列文件，而且还针对商事登记、开办企业、跨境贸易等具体事项出台了系列专门的政策规范和文件，形成了完整的制度体系，为高标准建设营商环境提供了坚实的制度保障，也为各区、各部门严格落实国家、省、市优化营商环境决策部署提供了规范和清晰的指引。在市委市政府的带动之下，各区无不积极行动，纷纷制定符合各区实际的营商环境行动指南。如南沙区制定《广州南沙开发区（自贸区南沙片区）广州市南沙区深化营商环境改革三年行动计划（2020—2022）》，提出持续优化市场环境、提升政务服务水平、加强市场主体保护、提升监管执法能力四个方面14项具体改革任务。天河区发布《全面优化营商环境行动方案》，围绕企业全生命周期，着力推动"减环节、减时间、减成本、优服务"，共提出32个工作任务，109项改革措施，并提出了一系列"自选动作"，包括打造"1+5+16"商事登记审批机制，实现商事登记就近办、多点办、区街通办等。广州开发区印发《广州市黄埔区、广州开发区、广州高新区营商环境改革创新促进办法》，通过制度创新，为持续优化营商环境提供源源不竭的动力。

## 三、广州营商环境建设仍面临的主要问题

尽管经过不断的努力，广州宜商资源丰富、交通物流发达、创新创业活跃、国际交往广泛，营商环境竞争优势日渐凸显，但放眼全球，与世界知名城市相比仍存在诸多短板和不足。2017年11月，粤港澳大湾区研究院发布《2017年世界城市营商环境评价报告》，报告显示，在参与营商环境排名的30个世界城市中，前十名分别是纽约、伦敦、东京、新加坡、巴黎、洛杉矶、多伦多、香港、上海、首尔，广州排在第19位。与全球先进城市特别是诸如纽约、东京等这些国际一流湾区的引领带动型城市相比，广州营商环境的差距非常明显（见表3），这也使得广州在高层次人才引进、创新发展等方面远远落后于世界各先进城市。

表3　2017年广州与世界先进城市营商环境比较

| 排名 | 城市 | 软环境指数 | 生态环境指数 | 基础设施指数 | 商务成本指数 | 社会服务指数 | 市场环境指数 | 国际城市营商环境指数 |
|---|---|---|---|---|---|---|---|---|
| 1 | 纽约 | 0.781 | 0.547 | 0.588 | 0.753 | 0.609 | 0.66 | 0.655 |
| 3 | 东京 | 0.695 | 0.588 | 0.618 | 0.501 | 0.645 | 0.644 | 0.626 |
| 8 | 香港 | 0.841 | 0.566 | 0.376 | 0.331 | 0.428 | 0.306 | 0.487 |
| 19 | 广州 | 0.553 | 0.433 | 0.420 | 0.478 | 0.196 | 0.399 | 0.417 |

营商环境建设绝非一日之功，而需久久为功。过去三年，广州奋力赶追，在打造具有全球竞争力的营商环境方面做了大量工作，也取得了明显的成绩。但是，与自身发展目标要求以及国内外先进水平相比仍有距离。2019年初，科尼尔发布世界首个《全球城市营商环境指数》，该报告所采用的评价体系涵盖商业活力、创新潜力、居民幸福感、行政治理四个维度共计23个标准。结果显示，在全球45个国家的100座城市中，纽约、伦敦、东京、巴黎、旧金山、新加坡等城市稳居世界最佳营商环境城市

第一梯队，这些城市备受全球最优秀企业和人才的青睐，拥有商业活力、创新潜力、居民幸福感和行政治理等各方面的综合优势，能够帮助企业和个人实现成功发展。而中国上榜城市中仅香港排名最高，位于第38名，北京位居第41名，上海和深圳分别位于第48、58名，广州居后，排在第65名（见图1）。

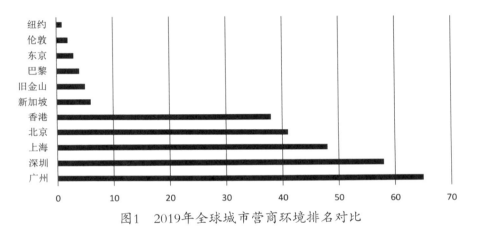

图1　2019年全球城市营商环境排名对比

这一结果再次说明，广州营商环境的改善和提升依然任重而道远。从前期市场和企业所反馈的情况来看，当前，广州营商环境建设依然存在一些亟待改进的方面，其问题主要体现在以下四个方面：

**（一）思想与行动不统一，改革仍存在体制和融合障碍**

一是个别部门对营商环境改革工作理解不到位，对其重要性和紧迫性认识不足。主要表现为缺乏大局意识、服务意识，主动意识，认为营商环境改革只是牵头部门的事，只念心中的"小九九"，不能站在全市发展的大局看待改革，配合上被动应付、流于形式，在一定程度上阻碍了改革举措的落地实施。二是各自为政的部门式审批体制对审批效率的钳制。受传统审批体制的影响，各个部门之间的审批标准和审批流程往往各有不同，而且有一部分数量的审批条件还互为前置，即获得一项审批的前提条件是其他某一部门的前置性审批，因此导致审批总是在部门之间打转转，甚至同一部门内部各科室之间也互不统一，这种现象无疑为行政审批权的整合和信息共享以及效率提升形成了极大的阻碍，导致改革"中梗阻"现象时有发生。如何打通审批服务的"最后一公里"，是事关改革成败的关键问题。三是数据壁垒对审批效率的钳制。一方面，无论是制度差异还是政策差异抑或技术水平上的差异，都会在一定程度上影响信息在不同区域和部门之间的无障碍流动。另一方面，长期以来，由于职责分工不同，纵向和横向部门之间往往会形成各自的信息系统。这些系统相互独立，各成体系，长此以往，逐渐形成了所谓的信息孤岛，给部门融合带来了极大的难度。四是在改革方式上，不少部门依然习惯于采取单兵突进的方式，什么问题突出就解决什么问题，或者是头痛医头、脚痛医脚，导致营商环境改革的系统性、兼容性、精准性不高。

### （二）政策落实不到位，企业获得感仍有待提升

#### 1. 民营企业市场准入限制依然较多

总体看，广州惠企政策的发布渠道还比较分散，公开形式单一，市场主体知晓度不高，尤其在执行层面还存在不及时、不具体、不连续、不到位等突出问题，极大抑制了政策红利效应的发挥。很多政策在落地过程中由于信息壁垒、部门樊篱、利益分割等原因，导致一些政策的初衷并没有完全实现。受"少做少错"的思想影响，部门之间推诿扯皮、懒政庸政的现象仍不同程度存在，导致政策落地时效性不强，甚至个别政策根本无法落地，抑或政策被区别对待，政策落地"最后一公里"难题依然存在。不少民营企业反映，各级政府在落实支持中小微企业发展政策上，多是照搬上级政策文件，有针对性的措施较少，中小企业与大企业相比，在市场准入以及获取各类生产要素等方面仍然面临一些不合理的差别待遇。一些垄断性行业凭借优势与民争利，跨界抢线，严重侵害了民营企业合法权益。

#### 2. 企业制度性交易成本依然偏高

所谓制度性交易成本，即指企业在经营过程中每个相关环节与政府打交道时所需的时间和成本。按照一般惯例，往往企业与政府打交道程序繁琐、周期长，成本就高，反之亦然。从往年的世界全球营商环境报告指标来看，广州在开办企业和办理施工许可证这两项上所花费的审批程序、时间和成本都要远低于世界先进经济体水平。这两年，虽然经过几轮改革，企业曾经所反映的手续多、来回跑等老大难问题得到了极大程度的改善，

并且无论是政府投资类还是社会投资类项目办理建筑施工许可的时间都有了明显的缩短，但我们看到，优化的部分仍然更多地只是限于政府内部，还有更多的流程则是需要在政府以外的事业单位或社会中介组织完成。尽管广州已先后分三批清理规范了市政府部门行政审批中介服务事项，但仍有不少企业反映仍存在"红顶中介""中介不中""法律掮客"等现象，中介市场并未完全实现规范管理，企业投资项目审批只是由"万里长征"变成了"千里长征"或是"百里长征"，其审批周期长仍然是个"老大难"问题。这些都说明了制度性交易成本还有较大的降低空间。

3. 中小企业融资困境尚未有效缓解

当前，广州市金融服务体系建设还不能很好地适应"大众创业、万众创新"形势发展要求，尤其是面对中小微企业"短、小、频、急"的融资需求，现有金融体系还不能有效地提供充足的金融产品和金融服务，还不能形成推动中小企业脱困发展的支撑力量。资本市场发展程度不高，一些金融租赁、消费金融、信托投资公司等具有创新性质的金融主体无法有效满足各类经济主体多元化的融资需求；面对当前快速发展的新产业、新业态，在资产证券化、未来收益权贷款、知识产权质押贷款、产业链金融等金融产品创新前沿尚未真正起步；保险公司在开发特色险种、更好地服务企业方面仍有不足，通过保险方式为中小企业融资的积极性不高。再加上全市尚未建立起统一的征信平台和信用评价体系，也在一定程度上增加了银行核实企业资信的成本，影响了银行的效率。同时由于有些企业固定资产较少、担保抵押物不达标，以及财务制度不透明等原因，难以得到金融机构的信贷支持。

## （三）配套措施跟进不力，仍需大力培植企业生长厚土

1. 科技创新环境亟待加强，产出效果不佳

广州拥有粤港澳大湾区最为丰富的科教资源，但研发投入强度长期偏低，依然是制约广州推进科技创新营商环境和自主创新能力实现快速弯道超车的最大因素。相比国内北京、上海、深圳、天津、杭州等同等级城市，广州研发投入强度处于明显落后位置。广州虽然经济总量常年稳居全国前列，但GDP的税收产出比却不成比例，导致政府财力在粤港澳的

一线城市最弱。财力不足使广州科技支撑力度不够，难以撬动大规模社会研发投入。研发投入强度的长期偏低，严重影响了广州科技创新产出的规模和质量，专利受理量、发明专利受理量、发明专利授权量、有效发明拥有量等指标依然与广州经济城市的地位很不相称，在全国城市中排名分别为第5、第6、第6和第6，与粤港澳大湾区香港、深圳的差距在短期内无法弥补。

2. 人才引进和培育机制不健全，高端要素吸引力不强

广州在推动粤港澳要素自由流动、支持企业获取生产要素便利化程度上还存在提升空间。在人工成本上，存在劳动力搭配错位问题，一些新经济企业招不到合适的工人，并且反映五险一金设置要求存在一定问题，特别是非广州户籍劳动力在广州企业工作，交了五险一金却无法享受福利。比如"人才绿卡"政策，目前已经发放3300余张，反响不错，但是办理手续比较繁琐，很多需要人才亲自跑或领导出面托办，不能形成自动人才档案，上海、深圳委托猎头公司即可办理，甚至政府部门主动上门服务办理。另外，某些细项还不够完全贴合企业需求，人才绿卡所承诺的出入境、子女入学教育、人才公寓等方面的福利还不能完全到位，"说到做不到"使政府公信力打了折扣，比如绿卡政策写明持有者可以在本市办理港澳通行证签注，但在实际办理过程中，由于涉及事权等问题，需要拿到人才绿卡，再去市来穗局办理居住证，然后再到出入境管理部门办理通行证，需要前后跑多个部门；再比如人才绿卡持有人的子女还不能买社保等，严重影响了人才对绿卡政策的实际体验和获得感。

3. 知识产权保护工作仍然有待改进

很多企业知识产权意识淡薄，平时不太注意保留商标的使用证据、知名度证据等，导致在发生纠纷时举证困难，难以启动诉讼程序。由于多头分散的知识产权管理体制，增加了企业维权成本，制约了执法保护水平。加之知识产权审判人员不足，案多人少的矛盾相对突出，导致部分案件审理周期长，影响维权效益。目前失信惩戒力度不够，特别是对知识产权失信侵权行为查处不及时、侵权赔偿较低、侵权惩戒不够，失信成本过低。不但不能补偿被侵权人的损失，甚至不能弥补维权支出，严重挫伤权利人

维权积极性，更使得侵权成本过低，侵权行为屡禁不止。

### （四）需求与供给不匹配，政务服务仍存在结构性失衡

1. 政务领域的技术应用空间还有待进一步拓展

尽管近年来，广州依托现代化信息技术，积极探索"互联网+政务服务"的改革，推动政务服务虚拟大厅与物理大厅的有机结合，取得了明显的成效。如广州琶洲打造的有温度的政务客厅，就是旨在通过网络平台为公众和企业提供二十四小时不间断的服务；广州开发区还首创二维码墙，将与企业办事密切相关的事项进行分门别类，在墙上展示出来，来办事的人员根据需要办理的事项扫描相应的二维码，即可了解相关情况，按照指引办理业务，同时，二维码还能让线下大厅提供的办事指南与开发区网上办事大厅实时连接，保证信息的准确性，极大方便了来办事的企业和群众。通过互联网手段的运用，无纸化审批、零见面审批逐步成为可能。尽管成绩傲人，但总体上看，目前政务服务信息化的运用程度仍然不高，仍难以满足广大群众和企业对政务服务日益增长的多样化的期望和需求。据零点有数《2018年中国城市营商环境升维指数报告》显示，广州市政务服务水平仍低于一线城市平均值（见图2），这意味着与其他一线城市相比，广州的政务服务依然存在短板。其次，网上并联审批服务推广应用的比例偏低。大多数办事人员认为政务服务信息公开程度仍然不足。网上受理、办结的审批服务事项数量相对偏少，而且含金量不高，很多事项还是需要到现场处理，在一定程度上也影响了政务创新的实效。

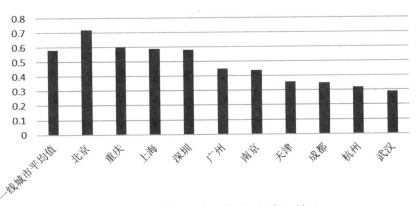

图2 国内城市政府服务能力前十排名

## 2. 事中事后监管不到位，市场秩序与活力仍难以两全

虽然广州通过改革在一定程度上实现了市场主体的"宽进"，但政府"严管"却似乎并不尽如人意。特别是商事主体的"井喷式"增长，导致登记窗口受理压力和市场监管压力剧增，尤其是像天河、海珠这样一些业户分布比较密集的地区，基层一线办事人员的工作业务量是其他几个地区的数倍，压力尤为明显。而商事主体数量的增加，无疑也给职能部门监管带来了压力。但事实上是，一些基层分局、基层所还未能及时适应改革变化，调整工作重心，建立起配套的监管制度，监管缺位、错位、越位的情况时有发生。某些行业和领域仍存在管理失控和运营失序的状况，如医药行业、食品行业、互联网金融行业等。这种状况与当前轻审批重监管的改革要求无疑是不匹配的。再加上一些新兴业态，如共享单车和滴滴打车等平台经济不断兴起，也为政府监管提出了新的挑战。虽然广州营商环境3.0版率先提出了"包容期管理"的概念，并且出台了《广州市全面推进社会信用体系建设的实施意见》，对包容审慎和信用监管均提出了明确的指导意见，但具体究竟应该怎样操作还并未有详细的规定。因此，在新的形势下，政府如何及时转变观念，做好衔接，创新方式，平衡秩序与活力的关系，打造一个公平有序、充满生机的市场环境，仍是一个亟须研究的难题。

## 四、对标国际先进水平全面优化广州营商环境的政策思路

营商环境建设只有进行时，没有完成时。展望未来，广州仍需做好营商环境建设总体规划，借鉴国际和国内先进城市经验，进一步增强营商环境的吸引力和竞争力，为进一步深度融入国际价值链、产业链和供应链体系，提升全球资源配置能力贡献力量。

### （一）对标先进标准，进一步推动制度集成创新

#### 1. 尽快出台广州优化营商环境条例

目前，北京、上海都已相继出台市级优化营商环境条例，广州也应不甘落后，加快完善顶层设计，将市场认可、行之有效的营商环境改革措

施予以固化，推动形成匹配城市定位的高水平制度体系，营造稳定公平透明、可预期的营商环境。同时，增强政策制定的稳定性、连续性、可预见性和执行的均衡性，减少政策变动带来的隐性成本。

2. 加快制定营商环境改革的广州标准

引进国际权威机构为广州量身定制营商环境评估指标体系，进行常态化的量化评估，以便正确认识和把握广州营商环境的现状和不足，及时发现问题，迅速作出调整。鼓励各区自主探索，在优化营商环境下形成你追我赶的态势，并及时对先进经验进行总结宣传，切实拿出一批能解决问题、力度大、范围广的措施，形成轰动效应。

3. 加快推进与大湾区制度规则的融通对接

实现商事规则互通、企业服务平台互联，减少三地之间企业运营的制度成本，尽快推动"岭南通"拓展为"湾区通"，推进三地车牌证照管理一体化，优化出入境管理，推进湾区通关便利，促进三地人流、物流、资金流、信息流无障碍互通共享，进一步提升市场一体化水平。

4. 建立市级层面优化营商环境的统筹协调机制

进一步推动不同层级和部门之间更广泛和深度地合作。在市域范围内要树立全市"一盘棋"思想，定期召开营商环境改革协调会议，强化改革的战略性、全局性和系统性。着力打破部门界限，摒弃领地思维，推动整体政府建设，实现政府部门从过去单打独斗向团体作战转变。特别是针对改革中的硬骨头，各级领导干部要积极调整传统"一亩三分地"的心态，学会通过与多部门合作来主动对接并回应企业和群众诉求。

### （二）着眼配套执行，大力完善政策支持体系

1. 切实放宽市场准入，促进民间投资回稳向好

坚持以加快推进非公有制经济市场准入机制改革为突破口，创造更加灵活宽松的民间投资方式，唤醒沉睡的民间投资。按照"非禁即入"原则，积极消除各种隐性壁垒，对法律法规未明确禁止的产业和领域，积极鼓励和支持民间投资进入；对预期有收益或通过收费补偿可以获取收益的基础性公共项目，坚持向民间资本全面开放。建立健全重点投资项目联系机制，做到"一个项目、一套班子、一抓到底"，充分做好项目落地服务

保障工作，认真协调解决企业生产经营中的困难和问题，进一步培育和提振民间投资信心。

2. 进一步优化审批流程，打造极简审批新优势

如上所述，审批程序繁琐、审批周期长是影响企业投资动力和交易成本的重要因素，因此，应坚持市场优先和社会自治原则，抓好改革顶层设计，深入开展各领域改革关联性和耦合性研究，切实做到各项举措在政策取向上相互配合、在实施过程中相互促进、在实际成效上相得益彰，发挥出行政审批体制改革的整体合力。要大力推动行政审批从单纯的数量性减少到实质性减少转变，真正实现政府管理重心下移、管理资源下沉、管理机制再造，最大限度减少对生产经营活动的许可，最大限度缩小投资项目审批、核准的范围，最大幅度减少对各类机构及其活动的认定。这样才能从根本上方便市场主体的投资、生产、经营，从关键处激发市场活力和市场创造力。要进一步提高放权的协同性、联动性，对跨部门、跨领域、跨地域的审批事项，相同或相近类别的要一并取消或下放，关联审批事项要全链条整体取消或下放。对下放给基层的审批事项，要在人才、经费、技术、装备等方面予以保障，确保基层接得住管得好。要持续优化审批流程，对跨部门、跨领域、跨地域的全链条审批事项，实现统筹设计和再造，积极开展承诺制信任审批，完善容缺机制，着力优化企业办事体验。

3. 全面推进金融创新，助力企业融资便利

加快发展多层次资本市场，积极支持符合条件的企业通过资本市场上市、发行票据和债券筹集资金，重点推进一批高新技术企业和高成长型企业在创业板上市，稳步拓展融资渠道。进一步丰富金融服务主体，做大做强城市商业银行，积极鼓励互联网企业和金融企业融合发展，创新服务产品，为中小微企业提供更多的全天候、全方位、一站式金融服务，满足各类中小微企业多样化的融资需求。深化银行机构与税务部门合作，推动"银税互动"良性循环发展，将企业的纳税信用、纳税贡献转化为有价值的融资成本，解决诚信纳税企业缺抵押、少担保、难以获得银行资金支持的难题。加强对影子银行、同业业务、理财业务的管理，全面清理不必要的资金"通道"和"过桥"环节，促进各类资金与实体企业直接对接，降

低财务成本。

### （三）优化市场环境，坚定不移为企业发展保驾护航

1. 聚焦创新要素自由流动，着力深化广州科技创新体制机制改革

广州要勇于改革，完善区域协同创新体制机制，探索有利于创新要素跨境流动和区域融通的政策举措，破除要素流通障碍，把香港和内地的优秀资源融合起来，培育具有全球吸引力的宜居宜业宜游环境。为此，要发挥财政资金杠杆作用，引导提高全社会研发投入。改革财政预算支持科技创新的方式，建立符合科研规律、高效规范的科技计划项目管理制度。尊重专业技术人员的智力劳动，去除约束专业技术人员创新的制度障碍，支持激励保护科技人员创新。发展金融市场支持创新发展。创新发展以发达的金融市场为有力支撑。加快形成比较完备的社会资本投资机制以及相配套的中介服务体系为支撑的金融市场，加快科技创新成果向现实生产力转化，支持中小科技企业发展壮大。完善科技成果转移转化机制，改革高等院校、科研院所科技成果使用权、处置和收益权，完善成果转化中介服务体系。

2. 实施更加积极的人才政策，高质量建设人才强市

聚焦统一人才市场，率先探索港澳居民全面享有国民待遇改革。推动制定统一的大湾区国际化人才引进政策。在港澳人才引进、创业、就业、永居、税收、金融、社会保障等管理制度与政策体系方面，先行先试、大胆改革，大力推动形成粤港澳统一的人才市场。推动专项人才引进计划，共建穗港人才中心。吸引港澳优秀科研人员、管理人才、专业人士来穗办公创业。发挥行业协会的中介作用，推进特定专业技术资格资质的互认，为跨境机构的工作人员和参与跨境科研合作项目的科研人员提供通关便利和配套服务。制定吸引青年专才来穗创新创业的政策，打造具有国际竞争力的人力资源服务产业。吸引国际猎头公司、人力资源咨询公司等人才服务机构进驻落户，加快构建专业高效的人才引进服务体系。引才和育才相结合，组建大湾区高层次人才联盟。建立海内外高层次人才数据库，加强人才的沟通交流。建立大湾区院士联盟，实现产业吸引高端人才与高端人才引领产业发展的互动循环。

### 3. 着力强化知识产权保护和交易的跨境协作

探索建立市知识产权保护联席会议机制，实施最严格的知识产权保护制度。依法从严、从重、从快打击侵权行为、处理侵权案件，增加侵权成本，产生震慑效应。加大对中介服务机构的监管和执法力度，深化知识产权代理行业"放管服"改革，着力破解知识产权代理队伍规模小、服务能力弱等问题，优化知识产权服务业的行业环境。探索建立区域知识产权贸易中心。依托中新广州知识城知识产权综合试点区，率先建立大湾区知识产权信息交换机制、信息共享平台以及知识产权案件跨境协作机制。探索建立面向全球的知识产权合作机制。全面加强与香港、澳门知识产权保护合作，推进商事规则国际化。积极争取设立世界知识产权组织（WIPO）广州仲裁调解中心。更好发挥全国三大知识产权专业法院之一的广州知识产权法院的作用，加强电子商务、进出口等重点领域的知识产权执法；更好发挥全国三大互联网法院之一的广州互联网法院的作用，为互联网经济健康发展提供司法保障。

### （四）锚定用户需求，持续推动政务服务供给侧改革

#### 1. 深耕技术，推动线上线下服务的深度融合

随着互联网等技术手段的应用，政务服务的内涵和空间将会得到极大的拓展和延伸。为此，应针对当前虚拟平台的短板，一方面，充分运用互联网、大数据、区块链等技术手段，以"共享互认"为目标逐步实现数据有效归集和贯通。打造全流程一体化在线服务平台，建设全覆盖、全口径、全方位的政务"一网通办"总门户，与此同时，加快推进线上线下深度融合，做到线上线下一套服务标准、一个办理平台，真正实现群众和企业办事线上"一次登录、全网通办"，线下"只进一扇门、最多跑一次"。另一方面，积极推动线上跨区域、跨层级、跨部门审批服务联动，着力推动大湾区和市、区、街三级政府行政审批服务系统的融合建设，逐步实现区域内和市级范围内联动审批，打通服务群众的最后一公里。最后，进一步优化用户体验，通过技术手段的更新不断拓展网上审批项目，提升线上审批服务的质量和效能。特别是要敢于啃硬骨头，率先探索推行工程建设项目审批线上全流程办理，以数字政府建设为契机，紧紧牵住技

术创新这个"牛鼻子",开展前沿布局抢占先机,积极打造政府服务创新高地。

2. 优化监管方式,实现服务与监管的有机衔接

营商环境建设的核心就是政府和社会对企业创办与企业运营实行监管的制度设计和实施。事实上,在国际营商环境中名列前茅的恰恰不是那些放弃监管的经济体。随着简政放权的不断深化,创新监管方式,营造良好市场环境已然成为营商环境打造的重要内容。为此,应转变过去"重审批轻监管"的理念,消除"谁审批谁监管"的误区,加快构建"企业自治、行业自律、社会监督、政府监管"的综合监管体系,逐步建立横向到边、纵向到底的监管网络和科学有效的监管机制。积极运用大数据、云计算、物联网等信息技术,强化线上线下一体化监管,加快建设企业信用信息"一张网",建立健全市场主体诚信档案、行业黑名单制度和市场退出机制,使"守信者一路绿灯,失信者处处受限"。按照权责一致原则,继续推进市区两级市场监管领域综合行政执法改革,落实相关领域综合执法机构监管责任。同时,建立健全跨部门、跨区域执法联动响应和协作机制,实现违法线索互联、监管标准互通、处理结果互认,消除监管盲点,降低执法成本。对新技术、新产业、新业态、新模式要本着鼓励创新原则,区分不同情况,探索适合其特点的审慎监管方式,通过适度有效的监管,去芜存菁、修枝壮干,推动新经济健康发展。

(孟源北　万玲　杨姝琴)

# 构建经济高质量发展体制机制
# 营造现代化国际化营商环境

作为"千年商都",广州有着包容、开放的城市精神,无论是本土生长的科创企业,还是从外引入的龙头企业,都可以非常快地融入到广州良好的营商氛围中。因此,广州打造现代化国际化营商环境,拥有着得天独厚的优势。广州应坚持以习近平新时代中国特色社会主义思想为指导,全面贯彻落实习近平总书记对广东重要讲话和重要指示批示精神,践行"以人民为中心"的发展思想,对标世界银行《2020年营商环境报告》的指标体系,紧紧扭住粤港澳大湾区建设这个"纲",率先对接国际先进营商规则,强化从企业需求出发的价值取向,聚焦企业和群众最关切的环节,围绕营商环境评价最核心的要素,解决营商环境最突出的问题,着力减流程、减时间、减成本、优服务,打造具有全球竞争力的营商环境,争创营商环境"广州样本",不断为市场活力充分迸发创造良好环境,为实现经济高质量发展注入新动力。

## 一、广州构建现代化国际化营商环境的背景和重大意义

营商环境是一个国家或地区经济软实力和竞争力的重要体现。党的十九大报告提出,要"全面实施市场准入负面清单制度,清理废除妨碍统一市场和公平竞争的各种规定和做法,支持民营企业发展,激发各类市场主体活力"。营商环境的重要性毋庸置疑,一个地区营商环境的优劣直接影响着招商引资的多寡,同时也直接影响着区域内的经营企业,最终对经济发展状况、财税收入、社会就业情况等产生重要影响。在世界银行

《2020年营商环境报告》中，中国位列第31名，排名较2018年上升15位，连续两年入选全球优化营商环境改善幅度最大的十大经济体。在办理施工许可、保护中小投资者等维度，中国进步突出，排名提升超30名。国家《优化营商环境条例》于2020年1月1日起正式实施。因此，打造良好的营商环境，已成为我国进一步激发全社会创造力和发展活力的重要着力点。随着国家对营商环境的不断重视，中国的营商环境打造进入了新的阶段，优化营商环境的改革在全国铺开。

为深入贯彻落实习近平总书记关于广州率先加大营商环境改革力度、在现代化国际营商环境方面出新彩的重要指示精神，进一步优化我市营商环境，着力建设国际大都市，广州于2020年1月制定《广州市对标国际先进水平 全面优化营商环境的若干措施》，启动营商环境3.0改革。广州将率先加大营商环境改革力度的部署要求贯穿到广州工作的各领域各方面，强化人人都是营商环境的观念，聚焦企业最急最关切的环节，在更大范围、更广领域滚动推出营商环境改革硬措施，着力为企业提供覆盖全生命周期的优质服务，优化企业需求受理、解决、反馈的服务链条，强化企业服务闭环管理，以干部的"辛苦指数"换取企业的"满意指数"，不断提升企业获得感、满意感。

## 二、广州构建现代化国际化营商环境的优势

### （一）宜人宜居宜商资源丰富

一是宜商资源丰富。广州对外开放历史悠久，是开埠以来中国唯一一个不曾中断对外贸易的商业城市，素有"千年商都"之称。拥有国内"第一大展"——广交会，是中国目前历史最长、层次最高、规模最大、商品种类最全、到会客商最多、成交效果最好的综合性国际贸易盛会。二是市场前景广阔。广州作为粤港澳大湾区区域发展的核心引擎之一，辐射影响整个华南地，自身常住人口超过1400万，经济腹地人口 1.8亿，市场十分广阔；实现地区生产总值2.36万亿元，居民人均可支配收入近5.6万元，人均消费支出近4万元，经济能力较高，消费意愿较强。教育、医疗、社保

水平继续提高。人民群众获得感幸福感安全感进一步增强。三是运维成本合理。广州城市运行成本、经营成本、生活成本等相对较低，平均房价与北京、上海和深圳比较相对低些。规模以上工业企业每百元主营业务收入成本比全国、全省平均水平分别低2.9元和1.9元。

### （二）物流得天独厚的区位优势

2016年，国务院正式批复《广州市城市总体规划（2011—2020年）》，明确了广州国家重要中心城市、国际商贸中心和综合交通枢纽的定位，同时也是粤港澳大湾区核心城市，凸显国家赋予广州的城市重任。粤港澳大湾区经济总量超1.4万亿美元，在目前全球4个世界级湾区中经济体量最大，其体量决定了这里将是物流业最大的热土。"海上丝绸之路""一带一路"和粤港澳大湾区战略的叠加效应，将进一步推动广州物流业发展。习近平总书记在2018年视察广州时，特别提到"旧城市、新活力，旧产业、新内涵"，对于广州来说，城市和物流行业都需要注入新活力和新内涵，交通物流产业融合发展，以交通物流产业的融合发展打造和巩固千年商都的核心优势。广州市的物流发展走在全国前列，2019年港口货物、集装箱吞吐量6.27亿吨和2323.62万标箱。机场旅客吞吐量7338.6万人次、货邮吞吐量188.72万吨，占粤港澳大湾区总货运量将近40%。地铁运营里程突破500公里。广州市在水运、铁路和公路货运量方面都在粤港澳大湾区城市中排名第一，交通物流枢纽的功能显著，广州正着力建设国际物流中心。

### （三）创新创业活跃

一是创新基础条件优越。布局建设高超声速风洞、冷泉系统、人类细胞谱系、极端海洋科考设施等4个大科学装置。中科院力学所广东空天科技研究院、广东智能无人系统研究院和华南地区唯一的国际IPv6根服务器落户南沙。加快再生医学与健康等4家省实验室建设。新增国家重点实验室1家、国家企业技术中心5家。出台"广州科创12条"，启动首批8个重大研发专项，专利申请量达11万件。技术合同成交额1273亿元。科技信贷风险补偿资金池撬动银行贷款超过140亿元。二是人才储备雄厚。广州聚集了全省2/3的高等院校、77%的科技研发机构和100%的国家重点实验室。全市在校大学生106万人，科研机构152个，在穗工作诺贝尔奖获得者6人、"两院"院士 77人及众多国家高层次人才专家，高层次人才储备充足，创新创业热情高涨。

### （四）国际交往广泛

广州现有驻穗领馆59个、对外国际友好城市66个，常住外籍人士8.5万人。白云机场开通国际航线149条，广州港开通国际班轮航线87条，与全球五大洲40个港口结为友好港。拥有广交会、金交会、创交会、海交会、艺博会等一系列高端交流平台，先后举办《财富》国际论坛、世界航线大会、世界港口大会、读懂中国国际会议等重量级国际盛会，这无疑将进一步提升广州在国际层面的话语权和影响力。广州着力打造优化国际营商环境、大力发展总部经济、加大招商引资力度，不断提升自身对外开放水平，在建设现代化国际化营商环境上出新出彩，为广州实现"老城市新活力"提供有力支撑。

## 三、广州构建现代化国际化营商环境的成效

近年来，广州按照习近平总书记的要求，率先构建现代化国际化营商环境，相继出台了一系列优化营商环境的地方性法规、规章制度及政策文件，增强工作举措的针对性、有效性。广州改善营商环境的主要做法包括：

### （一）减少审批事项

深入实施放权强区改革，2017年至今有序有效承接124项省级行政职权事项。2011年到2017年，广州共分9次已下放257项市级事权。2018年，广州出台《关于将一批市级行政职权事项调整由区实施的决定》，新增264项市级事权下放至区，下放事权数量比2018年以前历次下放数总和还多7项，下放行政职权类别包括行政许可、行政备案、行政处罚、行政检查、行政确认、行政裁决等 。2019年，广州再次出台《广州市人民政府关于将一批市级行政职权事项继续委托区实施的决定》，持续推进简政放权，将33项市级行政职权事项继续委托区实施。将行政职权下放到区后，大部分事项审批环节得到简化优化、审批时限得到压缩、监管效能进一步

提高、经济社会效益初显。2018年，全市各区已合计受理下放的行政职权事项20616宗，办结16084宗，日均受理量达58宗。其中，市规划和自然资源局下放"国有建设用地供地审核"至各区实施后，审批层级减少，全市项目审批流程得到优化精简。

### （二）加强市场监管

加强信用信息系统建设，"信用广州网"被评为全国信用信息共享平台和门户网站一体化建设特色性平台网站。强化信用联合奖惩机制建设，出台《对海关高级认证企业进行联合激励的20项措施》，成为全国首个落实国家对海关高级认证企业实施联合激励合作备忘录的地方实施意见。强化失信惩戒，建立企业年度报告、经营异常名录、严重违法"黑名单"等信用监管制度，失信企业在银行贷款、政府采购、工程招投标、国有土地出让等工作中被予以限制或者禁入。推行2018年上半年"双随机、一公开"监管，建成覆盖市级和区级两级行政执法部门的广州"双随机、一公开"综合监管平台，工商部门实现了监管业务"双随机"抽查全覆盖，随机抽取检查主体和检查对象，及时公开检查结果，体现公平公正原则，提升法律震慑力，减轻企业负担。

### （三）清理涉企收费

出台《降低实体经济企业成本实施方案》《物流业降本增效专项行动方案》《落实省降低制造业企业成本若干措施的实施意见》，进一步降低企业税费、物流、融资等成本，对企业做到无事不扰、服务到位。制定《广州市行政事业性收费改革实施方案》，拟停征政府提供普遍公共服务或体现一般性管理职能的收费项目，涉及停征或免征项目25项；取消或停征41项中央设立的行政事业性收费，并将商标注册收费标准降低50%。大力降低企业用能成本，2017年广州工商业、居民电价每千瓦时分别下降4.12分、1.79分，并将非居民每立方米用气价格从4.36元降低为4.25元。全面取消车辆通行费年票制，规定不再收取年票、次票或委托高速公路代收的普通公路次票，每年减负金额逾10亿元。整治规范港口通关收费，继续减免口岸货物吊装、移位、仓储等费用，对进出广州港南沙港区的国际集装箱班轮按最新标准费率优惠15%后计收引航费。

## （四）促进民间投资

出台"民营经济20条"，聚焦破解民营经济发展面临的营商环境共性、难点问题，提出筹建供应链金融服务平台、支持民营企业并购重组等利好政策。探索政府和社会资本合作支持城市建设发展的新模式，实施《关于创新重点领域投融资机制、鼓励社会投资的实施意见》和《推进政府和社会资本合作试点项目实施方案》，鼓励社会资本投资交通运输、市政设施、城市更新等七大重点领域。推动岭南广场、如意坊隧道、车陂路—新滘路隧道、琶洲西区地下综合管廊等一批PPP①试点项目落地实施。探索引导社会资本支持城市建设发展新模式，出台《优化城市道路项目组织实施方式、创新投融资体制机制的工作方案》，探索政府引导下社会资本发起设立城市建设和转型升级基金，有效解决城市道路建设资金需求。多项政策协同发力，有效激发社会活力，极大地调动了民间投资积极性，促进广州民间投资持续增长。2019年广州民间投资同比增长27.8%，增速较上年提高36.9个百分点。

## （五）优化政务服务

加快商事制度改革。出台优化市场准入环境12条，在全国首创"人工智能+机器人"全程电子化"无人审批"商事登记服务，实现了"免预约""零见面""全天候""无纸化""高效率"办理，推动商事制度改革走在全国前列。2017年、2018年和2019年全市新登记市场主体同比分别增长15.4%、17.5%和7.7%。截至2019年12月底，广州实有各类市场主体232.91万户，同比增长13.24%，高于全省9.35%的平均增速，每千人拥有企业85户，是全省平均千人拥有企业数的1.8倍，超越发达国家平均水平。推进"互联网+政务服务"改革，深入开展"五个一"政务服务模式建设和应用，设立广州市政务中心琶洲分中心，为腾讯、阿里等12家互联网产业巨头提供市级和区级审批事项"一站式"的贴心服务，广州12345政府服

① PPP, Public-Private-Partnership 的缩写，指公私合营模式，指政府与私人组织之间，为了提供某种公共物品和服务，以特许权协议为基础，彼此形成的一种伙伴式合作关系。

务热线连续三年荣获"中国最佳客户中心奖"。加速推进优化税收环境试点。在全国第一个上线"税务企业号"、第一个全面实现国库（退税）业务全流程无纸化，在全省第一批上线"一键申报"增值税、第一个实现代开增值税专用发票国地税联征功能，为全国、全省税务系统提供了可复制可推广的广州经验。

通过持续聚焦不断优化营商环境，广州坚持用一流服务、一流效率、现代化国际化营商环境确立国际合作竞争新优势，成效显著。一批世界级枢纽型项目先后在广州落地生根、开花结果，特别是2017年以来，富士康10.5代8K显示器（投资总额610亿元）、思科（广州）智慧城（200亿元）、国新央企运营投资基金（注册资本500亿元）、冷泉港广州生物医药产业基金（总规模100亿元）、通用生物产业园（16亿元）、百济神州生物制药（23亿元）、中远海运散货总部（20亿元）、中铁隧道总部（10亿元），粤芯12英寸芯片制造、宝能新能源汽车产业园、南沙人工智能产业园、中国电科华南电子信息产业园等一批重大生产力项目和总部型项目相继落户，新一代信息技术、人工智能、生物医药（IAB）和新能源、新材料（NEM）产业布局进一步完善，将有力推动广州发展动能转换。"工商流程做减法""企业效率变乘法"等一系列营商环境改革措施成效显著，"广州效率""广州速度"被企业家广为赞誉，苏黎世保险、安达保险、富士康等项目高效注册落地形成口碑，广州正逐步成为全球企业投资首选地和最佳发展地。截至2019年底，有301家世界500强企业在广州投资或者设立机构，其中至少120家世界500强企业把总部或者地区总部设在广州。

## 四、广州构建现代化国际化营商环境存在的问题

近年来，广州不断出台改善营商环境、优化营商环境政策措施，打造国际一流的营商环境，推动经济高质量可持续发展，改革的力度很大。然而受疫情影响，全球经济衰退加速、金融危机一触即爆，形势不容乐观。新情况新问题下，以更大力度改善我市营商环境显得尤为迫切。

### （一）政务服务标准化、便利化、数据共享化水平有待提升

当前，我市通过省政务服务网和政务服务事项管理系统，对政务事项进行了标准化、规范化管理，但有些事项存在政务服务网公示信息与实际办理要求不符的情况，特别是，有些事项中心城区与非中心城区之间标准不一，对于网报信息与现场核查有误的情况。一些数据只在本系统、本区城甚至本单位才能共享，跨地区、跨部门、跨层级数据共享和业务协同度不高，导致企业和群众办事时需要重复提交的证件、材料过多。

### （二）投资项目建设审批制度改革的部分政策力度不足

目前我市工程建设项目审批手续复杂，审批效率不高，一个重要原因就是工程建设项目审批流程不规范、不科学、不统一，前置审批、串联审批事项太多，有的还存在审批事项互为前置的现象。如建设工程规划许可证和施工许可证只允许在社会投资简易低风险工程中并联办理，政策覆盖面太窄，改革力度不够大。

### （三）金融领域营商环境短板明显

广州缺乏一个全国性的交易中心，并在金融总部方面聚集效应远不足北上深，在中小企业和科创企业方面，金融扶持力度和灵活性不够。以大湾区为例：香港是湾区的金融中心，是国际金融中心，深圳是中国南部内地证券业、股份制银行和对接香港的金融中心（上海是外资银行中心，北京是央企银行业中心）。广州想要成为一个区域金融服务城市，必须实现差异化发展特色金融产业。

### （四）与深圳对比科技创新差距大

企业创新方面，广州创新企业总量仍远低于深圳。主要原因在于广州作为传统的商品集散基地，小商贸企业和小型工厂较多，多数企业创新意愿低下，尤其缺乏类似华为、中兴、大疆、比亚迪等具有龙头带动作用的民营科技创新企业。科技创新方面，PCT[①]国际专利申请量与深圳比差距较大。广州2019年达到1622件，远落后于深圳（17459件）专利申请量。

---

① PCT，Patent Cooperation Treaty 的缩写，即专利合作协定。

产业创新方面，一是高技术制造业占比重低于深圳。二是高新技术产品出口产值低于深圳。

### （五）全球各类优质人才资源短板明显

广州对标世界一流城市，以美国硅谷缘何成为人才聚集之地为例，在高层次人才引进、创新发展、保持合理的人才梯次结构、高水平的专业服务团队等方面还有很大的可提升空间。硅谷的主要区位特点是拥有一些雄厚科研力量的美国顶尖大学作为依托，以斯坦福大学和加州大学伯克利分校为代表。硅谷的人才群体中，最多的并不是高级人才，更多的人才是从事基础性服务业务。从人才职业技术标准来看，约三成是高技术职位，四成是中等技术职位，三成是低技术职位，所以硅谷的人才梯次呈现典型的"橄榄型"结构，这也是高科技园区较为理想的人才梯次结构。广州必须打造此类的人才梯次结构。

## 五、广州构建现代化国际化营商环境的对策研究

### （一）加快推进政务服务标准建设，提升便利化程度，推进"数字政府"改革建设

加快"智慧政务"平台建设，全面提升"互联网+政务服务"水平，实现非中心城区与中心城区政务服务标准一体化。按程序公开行政许可和公共服务清单，建立完善政务服务标准化公示信息核查机制，确保线上标准和线下标准保持一致。对标新要求，编制全市统一的对标国际的政务服务质量标准规范体系，建立动态调整机制，实施第三方评估评价机制。建立全市统一的"秒批"平台，大幅提升"秒批"事项的比重，将更多事关企业发展关键环节且办理频次较多的事项纳入"秒批"范围。用足用好诚信体系，扩大容缺事项、容缺对象范围，实现诚信企业办事容缺受理。加强大数据中心建设，优化部门业务系统数据导入、即时共享机制。推进部门信息共享互认，以电子证照共享互认为重点，加强电子证照库的建设，提升电子证照质量，提高电子证照办事审批应用率，实现减证明、快办结。推行"智慧服务"，提升水电气供应的速度和可靠性。创新产权登

记服务模式，大幅提升效率降低成本；多策并举优化纳税服务，有效降低企业税费负担；以智能化通关建设为重点，提高国际贸易便利化水平。

### （二）加大投资项目建设审批制度改革

优化综合服务窗口，完善"前台综合受理、后台分类审批、综合窗口出件"的服务模式，实现审批事项指南化、表单化。进一步改革商事制度，提升项目投资的便利化水平；推进项目审批制度改革，提高施工许可审批效率，采取多评合一、多审合一、多图联审、同步审批等审批模式，对于可不需要的审批环节应坚决取消，深入推行"告知承诺制""容缺受理"机制，推行"联合验收机制"。针对社会投资类新建建筑工程项目，在用地出让准备阶段，推广用地清单制、优化规划管理要点、免费提供地形数据、推行土地"带方案出让"、建筑工程设计方案"预审批"，全面深化"交地即开工"；在建设工程规划许可阶段，全面实行"告知承诺制"审批、建立完善市场主体首负责任制，缩短企业获得建筑许可时间，降低企业办事成本。扩大全网办审批范围，实行建筑工程施工许可"全程网办"。

### （三）推动金融领域营商环境改革持续升级

依托粤港澳大湾区国家战略，加快金融对外开放。一方面大力引进外资银行等金融机构落户，拓宽外资金融机构业务范围。另一方面积极开拓跨境业务，推进跨境人民币贷款业务试点；开展外汇管理改革试点，促进南沙自贸区跨境投融资汇兑便利推动人民币跨境使用，允许融资租赁企业收取外币租金等。加快市属银行的创新发展。广州市市属银行的发展缓慢，既落后于拥有上海浦东银行、平安银行、浙商银行等城市，又无法和近年新成立的微众银行、网商银行、新网银行等互联网银行媲美，市场化机制不足，产品严重同质化。要尽快发展为全国性股份制银行，要引进互联网领域有代表性的战略股东，加快科技创新、业务创新，发展为互联网银行。大力发展数据化的供应链金融。推进互联网、大数据、云计算、区块链技术在供应链金融中的应用，通过新技术帮助银行解决信息不对称问题，缓解中小企业因缺乏抵押物而贷款难的问题。

### （四）加大科技创新力度

广州是粤港澳大湾区的中心，更需要进一步提升科技创新能力，营商环境的法治化、国际化、自由化、便利化程度越高，其吸引优质创新要素的"磁力效应"就越强。政府加大政策力度，支持企业设立创新中心、研发中心。进一步在科研扶持、税收补助等方面。支持鼓励设立"企业研发中心"，加强先进制造等领域的基础科学研究，提升源头创新能力，加强产业研发联盟，促进共性技术、关键技术的研发支持，突破产业技术瓶颈，攻克核心关键技术。积极鼓励企业引领产业新技术研发与应用，助推企业申报建设国家、省级创新机构，从而促进企业持续进行研究开发投入，企业技术创新能力提升，实现产品技术升级转型，推动新旧动能转换。

### （五）营造更具吸引力的人才发展环境

广州依靠大湾区要有聚世界英才而用之的理念和胸怀，充分依托高校、科研院所、科技企业构筑人才集聚强磁场和新高地，吸引造就一大批国际水平战略科技人才、科技领军人才、青年科技人才和创新团队。从美国硅谷经验看，一流大学、一流学科和重大科研项目最能集聚高端人才，高端人才集聚的区域往往也是各类创新型、应用型、技术技能型人才培养和集聚的地方。可以利用香港国际化资源和人才以及珠三角完善的科研成果转化和产业链配套优势建立"粤港创新科技园"，鼓励大湾区制造业人才流动，建立人才学历互认、学分互认、职业资格互认机制；政府牵头主导或出台政策鼓励企业与内地及港澳大学、专科院校开展定点定向科学技术专业培养，成立实验室、专业学院等方式帮助产业进一步补充创新人才梯队；增加企业实习奖励政策，鼓励和吸引更多高端专业大学毕业生选择留在广州就业。面向科技发展战略重点，采取高校与科研院所合作培养、高校与科技企业共同培养、国内外大学联合培养等方式，加大高层次人才培养力度。还要充分发挥国家级重大科技基础设施、重点实验室、工程（技术）研究中心和湾区一流大学及重点学科平台优势，打造宜居宜业的创新发展环境、高效便捷的知识获取环境和自由宽松的科学技术研究环境，探索赋予科研人员科技成果所有权或长期使用权，使高层次人才在教学科研、创新创业中全面焕发原始创新能力。深入实施广聚英才计划，开展技术移民试点，建设国家级人力资源服务产业园，让全球科技人才的创造力在广州竞相迸发。

（吴洪东）

# 广州加快构建营商环境评价指标体系的对策建议

　　营商环境是一个国家和地区的重要软实力，也是核心竞争力。优化营商环境是解放和发展社会生产力，推动经济高质量发展、提升经济竞争力的必然要求。中央对营商环境十分重视，尤其是要求特大级别以上城市密集出台有力举措。2017年7月17日在中央财经领导小组第十六次会议上，习近平总书记强调，北京、上海、广州、深圳等特大城市要率先加大营商环境改革力度。2018年3月26日，北京市在全国率先开展对各区营商环境的考核评价工作，从问题导向、工作导向和结果导向三个维度，构建了包含国际化、便利化、法治化等多方面内容的53项评价指标体系，并公开择优选取社会第三方机构，公正独立开展评估工作。2018年3月7日，党的十九届三中全会习近平总书记在广东代表团参加审议时，特别谈到广东的营商环境优势相对弱化，对高端经济要素的吸引力在减弱。这些问题在广州都有不同程度的存在。因此，广州作为改革开放前沿城市，有条件也必须以最高国际标准为标杆、在优化营商环境上走在全国前列，为全国改革提供可复制可推广的成功经验。要认真谋划营商环境新一轮建设行动，建立对标国际标准、接轨世界规则的营商环境评价指标体系，为改善营商环境提供明确的指导方向和改革抓手，全面、精准、透明地推动高质量营商环境改革。

# 一、广州加快建立营商环境评价指标体系的重大意义

## （一）体现了经济高质量发展的要求

广州正处于全面深化改革、推动经济高质量发展的关键时期。为了适应高质量发展的新形势，地方考核体系、绩效评价机制等必将更为优化，营商环境评价机制也将会是其中一个重要部分。对照国际营商环境标准构建评价体系，鼓励各区在优化营商环境下形成你追我赶的态势，可以创新优化广州营商环境的思路和举措，从根本上破除制约发展的体制机制障碍，实现市场在资源配置中的决定性作用，是践行以人民为中心的发展思想、推动经济高质量发展的内在要求，也是推动广州改革不断向纵深发展、提高城市竞争力的治本之策。

## （二）体现了深化"放管服"改革的要求。

当前，简政放权、放管结合、优化服务改革的目标之一，就是要持续不断地优化营商环境。我们必须由过去偏重追求政策"洼地"，转为倾力打造优质营商环境的"高地"。建立健全科学评价机制，既有利于及时反馈、矫正和完善改革中的问题，将为广州营商环境建设提供可供参考的可量化、可考核的指标，有助于正确认识和把握广州各区营商环境的现状和不足，并同国内外先进地区进行比较，明确自身发展阶段和下一阶段建设的主攻方向，全面、精准、透明地推动高质量营商环境改革。

## （三）体现了深化营商环境改革的问题导向。

在各类资源全球配置的时代，营商环境是一个地区的核心竞争力之一。与国际接轨、与世界融合，持续优化市场化国际化法治化营商环境，有利于提高广州对国内外投资者的吸引力和凝聚力，让广州在全国营商环境中最具竞争力、最具创新力。在国内先进城市争先恐后"抢环境"的背景下，广州也需要积极借鉴国内先进城市营造良好营商环境的先进经验与做法。最近3个月以来，北京出台了"9+N"营商环境政策文件体系，尤其是对在全国率先开展对各区营商环境的考核评价工作；2018年1月，上海发布《着力优化营商环境加快构建开放型经济新体制行动方案》；2018

年2月，深圳出台《深圳市关于加大营商环境改革力度的若干措施》，提出20大改革措施，126个政策点。在各地优化营商环境竞争日趋激烈的环境下，广州必须通过机制体制创新，尽快出台新一轮的营商环境改革方案，通过科学公开评价各区营商环境，系统地、动态地了解企业制度性交易成本的情况，促进各区在掌握本地区优势和短板的基础上竞相改善营商环境。

## 二、广州营商环境评价指标体系的构建

### （一）构建依据

本文结合国内外市场化、国际化和法治化评价指标研究发展要求，重点参照了樊纲、董晓宇等对中国市场化改革进程过程中市场化程度测算指标体系的研究，参考世界银行营商环境评价体系、华南美国商会《2017中国营商环境白皮书》、全球法治治理指数系等国际化指标体系研究，建立起以评价国际化、市场化和法治化评价为支撑的营商环境指标体系，并通过设立金融服务国际化、科技创新氛围、知识产权保护程度等反映广州发展短板的特色性指标，建立起以广州各区为主要考察对象的营商环境指标体系。

### （二）指标体系的建立

共设立3个一级指标，12个考核目标，48个二级指标，国际化、市场化、法治化分别设立16个二级指标。其中A6、B2、B3、B4、B5、B6这六个指标是充分借鉴世行营商环境评价方法论的有益经验，接轨国际标准而设立的。

国际化（A）强调接轨国际经贸规制，构建更高水平对外开放格局。共设定4个考核目标：对外经贸合作开放度、投资与贸易便利度、服务业国际化、国际影响力。下设对外投资开放度、跨境贸易的便利度、国际总部企业集聚度等16个二级指标。

市场化（B）强调尊重市场规律、完善市场机制带来的效率提升。共设定4个考核目标：政府与市场的关系、信用体系建设、民营经济活力、

要素市场发育。下设技术研发投入率、民营经济发展程度、高新技术转化率等16个二级指标。

法治化（C）强调法治机制和法治理念对营造公平正义的社会经济发展环境的重要意义。共设定4个考核目标：政府法治廉洁、司法公正透明、维护投资者权益和社会公平正义。下设制度规范的完善、政务廉洁指数、社会监督行政渠道的畅通度等16个二级指标（见表1）。

表1　广州市场化法治化国际化营商环境指标体系

| 一级指标 | 考核目标 | 二级指标 | 指标解释 | 指标属性 |
|---|---|---|---|---|
| 国际化 | 对外经贸合作开放度 A I | 贸易依存度 A1 | 进出口总额 /GDP | 正向指标 |
| | | 外资利用程度 A2 | 实际利用外资金额 / GDP | 正向指标 |
| | | 引入外资项目数 A3 | 利用外资项目（企业）个数（年同比值） | 正向指标 |
| | | 对外投资开放度 A4 | 对外合作签订合同金额 | 正向指标 |
| | | 民营经济走出去能力 A5 | 民营企业对外投资额占对外投资总额比重 | 正向指标 |
| | 投资与贸易便利度 A II | 跨境贸易的便利度 A6 | 5 万美元不同种类货物进行进口和出口所需的时间和成本 | 调查评价类 |
| | | 投资备案便利度 A7 | 外商投资备案的时间天数和审批程序 | 调查评价类 |
| | 服务业国际化 A III | 金融服务国际化 A8 | 外资金融机构占全市比重 | 正向指标 |
| | | 国际旅游业发展 A9 | 年旅游业外汇收入占旅游业总收入比重 | 正向指标 |
| | | 航运业国际化 A10 | 航空港国际航线数量 | 正向指标 |
| | | 教育国际化 A11 | 国际中小学数量 | 正向指标 |

（续上表）

| 一级指标 | 考核目标 | 二级指标 | 指标解释 | 指标属性 |
|---|---|---|---|---|
| 国际化 | 国际影响力 A Ⅳ | 城市综合吸引力 A12 | 外籍人口占常住居民人口比重 | 正向指标 |
| | | 国际总部企业集聚度 A13 | 国际企业总部数 | 正向指标 |
| | | 国际友好城市数 A14 | 国际友好城市数量 | 正向指标 |
| | | 各国领事馆数量 A15 | 各国驻广州总领事馆数量 | 正向指标 |
| | | 国际会议交流 A16 | 年举办国际会议、展会次数 | 正向指标 |
| 市场化 | 政府与市场的关系 B Ⅰ | 政府在市场资源分配中的效率 B1 | 单位 GDP 财政支出 | 正向指标 |
| | | 开办企业 B2 | 开办内资有限责任公司全过程的程序、时间、成本和最低实缴资本 | 正向指标 |
| | | 纳税 B3 | 税种个数、纳税时间、应税总额 | 正向指标 |
| | | 财产登记 B4 | 不动产登记的时间和成本 | 正向指标 |
| | | 获得电力 B5 | 1300 平方米标准仓库提供 14 千伏安的电力接入所需要的时间、程序、成本 | 调查评价类 |
| | | 办理施工许可 B6 | 标准仓库建设项目的审批程序、时间、成本和建筑质量控制指标 | 正向指标 |
| | 信用体系建设 B Ⅱ | 信用市场建设 B7 | 失信企业数占企业总数比重 | 正向指标 |
| | | 信用满意度评价 B8 | 社会信用满意度程度 | 调查评价类 |

（续上表）

| 一级指标 | 考核目标 | 二级指标 | 指标解释 | 指标属性 |
|---|---|---|---|---|
| 市场化 | 民营经济活力 B Ⅲ | 民营经济发展程度 B9 | 民营经济占国民经济生产总值比重 | 正向指标 |
| | | 民营经济投资 B10 | 民营经济在全社会固定资产总投资中所占比重 | 正向指标 |
| | | 民营经济就业人数 B11 | 民营经济就业人数占城镇总就业人数的比例 | 正向指标 |
| | 要素市场发育 B Ⅳ | 技术研发投入率 B12 | （规模以上工业）企业 R&D 经费中企业自有资金所占比重 | 正向指标 |
| | | 科技创新氛围 B13 | 每万人口专利申请量（件/万人） | 正向指标 |
| | | 高新技术转化率 B14 | 高新技术产品增加值占地区生产总值比重（%） | 正向指标 |
| | | 人才培养 B15 | 万人专业技术人员数 | 正向指标 |
| | | 企业融资 B16 | 企业获得融资的难易度 | 调查评价类 |
| 法治化 | 政府法治廉洁 C Ⅰ | 制度规范的完善 C1 | 规章、政策、文件的起草、制定、公布的规范性和报备的及时性 | 正向指标 |
| | | 政府政策的连续性 C2 | 企业家对政府政策实行连续性的评价 | 调查评价类 |
| | | 行政复议效率 C3 | 行政复议案件的按时办结率 | 正向指标 |
| | | 政务廉洁指数 C4 | 城市廉洁建设指数 | 正向指标 |
| | | 政务透明度 C5 | 新闻媒体、社会公众对行政机关接受监督工作的总体满意度 | 正向指标 |
| | | 商事合同纠纷的司法效率 C6 | 商事纠纷的处理时间及资金成本 | 调查评价类 |
| | | 司法的透明度 C7 | 司法透明度指数 | 正向指标 |

（续上表）

| 一级指标 | 考核目标 | 二级指标 | 指标解释 | 指标属性 |
|---|---|---|---|---|
| 法治化 | 政府法治廉洁 C I | 司法透明度指数 C8 | 企业对行政执法的总体满意度 | 调查评价类 |
| | 司法公正透明 C II | 法律专业市场发育程度 C9 | 律师事务所个数 | 正向指标 |
| | | 知识产权保护程度 C10 | 知识产权社会保护满意度 | 正向指标 |
| | 维护投资者权益 C III | 政民沟通渠道的畅通度 C11 | 对社会公众申请公开政府信息的答复率和答复及时率 | 正向指标 |
| | | 社会监督行政渠道的畅通度 C12 | 新闻媒体、社会公众对行政机关接受监督工作的总体满意度 | 正向指标 |
| | | 企业退出机制完善程度 C13 | 企业破产退出机制完善程度 | 调查评价类 |
| | | 民生保障支出改善 C14 | 政府住房保障支出、社会保障和就业、教育、医疗及城乡社区事务占地方财政支出比例 | 正向指标 |
| | 社会公平正义 C IV | 社会公平 C15 | 城乡基本养老保险覆盖率 | 正向指标 |
| | | 治安环境 C16 | 社会治安案件受理数 | 逆向指标 |

## 三、指标评价方法说明

为了提升指标体系的合理性和科学性，指标权重的设定以突显客观性、可操作性为准则，结合现实发展需求和专业化评价进行调整，提升指标的合理性和导向性。

### （一）权重的设定

1. 权重设定方法

为了便于操作和组合，降低主观因素的干预，而又不失专业性、科学性，本文在参照世界银行采用等权重设定方法的基础上，引入了专家权重设定法。通过征集政府相关职能部门专家（3人）、学术专家（3人）、企业专家（2人）的意见，对权重设定方案进行选择并打分，并征求了相关意见，最终权重设定采用支持率最高的方案①。

2. 权重调整赋值

结合专家权重设定方案在等权重基础上对指标权重设置进行微调。设定48个指标基准权重为2.0%，其中，9项问卷调查类指标由于数据获取与处理过程中受主观性影响较大，在2%基础上下调0.5%，设定为1.5%；为了凸显对国际化的引导意义，考虑到广州服务业国际化滞后和国际影响力不强，将"服务业国际化"和"国际影响力"两大目标项下的9类指标权重均上调1%，为3%，最终得出国际化、市场化、法治化权重分别为40%、30%和30%。

**（二）指标测算**

具体来看，48个二级指标可以分为两大类，即客观评价类指标和调查评价类指标。

1. 客观评价类指标

客观评价类指标是指可依靠现有统计口径数据或资料，如统计年鉴、国民经济年度统计数据等直接获得评价所需数据的量化指标。但受现有统计口径与数据获取的时效性等因素的限制，有时完全依赖现有统计刊物与评价体系难以完全获得贴合度较高、代表性较强的指标评价数据。因此，本文参照现有评价指标体系研究成果，增设政务廉洁指数、司法透明度等可直接获取量化数据的评价类指标，增强指标体系的科学性和代表性。

客观评价指标数据的处理主要有两个途经：（1）直接获取。针对本身为百分率的正向指标，直接计入。（2）最优值比较法。针对其他客观类指标。其中，正向指标，水平指数=本年度实际值/前三年中最大值×100；逆

---

① 共设定了两种权重设定方法以供选择；方法一是完全均分设定法，即按照100%权重，平均分摊到48个指标进行考核；方法二是不等权重设定法，按照国际化、市场化、法治化三个考核目标，不等分配100%权重。

向指标，水平指数=前三年中最小值/本年度某市实际值×100。

2. 调查评价类指标

调查评价类指标主要针对没有直接统计来源或难以统计量化的问题而设立。通过发放调查问卷征集评价数据，包括社会信用满意度、企业对行政执法的总体满意度等9类。调查评价类指标按照五分法进行评价。即每道题目设置五个选项，并通过调查获得每个选项的得票率。以每个选项得票率为权重，通过加权平均得到每个题目的得分。

## 四、广州构建营商环境评价指标体系的建议

中央对营商环境十分重视，预期各地尤其是特大级别以上城市将密集出台有力举措，贯彻落实中央的部署要求。在"追兵"奋力赶超的新形势下，广州要回归初心、重新出发，认真谋划营商环境新一轮建设行动，加快构建营商环境指标体系工作，才能不断巩固营商环境的优势。建议在以下两个方面集中发力：

1. 做好评价与改革的对接

建立市级层面优化营商环境的统筹协调机制，将涉商部门全部纳入其中，建立优化营商环境工作联席会议制度，扎实推进落实营商环境评价工作。营商环境的优化评估则涉及市、区政府、多个部门的互动。为确保不同部门之间评估改革工作齐头并进，应由综合协调部门或专门设立的负责机构来组织开展，也可在不同部门之间较为均衡地分担。评估发现的问题应交由专门的统筹协调部门负责，业务主管部门主动"对号入座"，确保问题得到及时有效的解决。

2. 突出评价结果的量化可比

目前，广州商事制度改革还集中在提高开办企业的便利度上，各个区大多以新创企业的数量增长作为衡量改革成效的依据。由于各地区经济发展水平的差异，这一指标虽然能说明"宽进"取得显著成效，但并不能全面准确地反映营商环境特别是监管法规的效率。应进一步推广使用定量

分析，让数据说话，全面反映"大众创业、万众创新"的难点、痛点。既要重视法律规定，更要重视实施效果，把成本和效率尽可能用数字呈现出来，形成地区之间的可比性。

3. 重视评估的专业性与独立性

营商环境涵盖企业在开设、经营、贸易、纳税、关闭及执行合同等各个环节的监管法规，评价指标也涉及多个监管领域，通常包括司法、商业、工业、金融、贸易和能源等部门。通过委托第三方评估每年发布全市各区营商环境评估报告，做好各项指标、目标任务实施情况的跟踪监测，科学评价实施效果，促进政府管理方式改革创新，既能加强外部监督，也有助于提高政府的公信力。

（杨姝琴）

# 第二篇
## 分 论

▲ 深化建筑许可审批改革　创新谋划工业用地

▲ 深化工程审批制度改革　创新工业用地全流程精细化管理

▲ 坚决清理"僵尸企业"　优化国有企业资本结构

▲ 完善政策环境　助力广州建设跨境电商枢纽城市

▲ 优化营商环境　促进汽车类跨境电商业务发展

▲ 大力推行基础设施建设　打造大湾区区域发展核心引擎

▲ 粤港澳大湾区框架下跨境贸易法律规则衔接

▲ 优化政务服务环境　建立政务大数据征信平台

▲ 运用区块链金融优化中小微企业融资环境

▲ 优化金融信贷环境　推动银行信用卡业务高质量发展

▲ 完善知识产权保护制度　推动实体零售业高质量发展

▲ 优化政府服务环境　推动工程咨询行业品牌释放新活力

▲ 打造国际科技创新中心的法治化营商环境

▲ 优化创新创业生态环境　深化粤港澳青年交流合作

# 深化建筑许可审批改革
# 创新谋划工业用地

习近平总书记强调指出，广东要在建设现代化经济体系上走在全国前列，必须更加重视发展实体经济。实体经济是一国经济的立身之本，是财富创造的根本源泉，是现代化经济体系的坚实基础。而实体经济特别是先进制造业发展，有赖于产业空间载体，有赖于工业用地提供的空间要素保障。为贯彻落实习近平总书记重要讲话精神，加快推动广州经济实现高质量发展，扎实推进广州"制造业强市"战略，课题组围绕以制度创新推动工业用地提质增效专题展开调研，形成报告如下。

## 一、工业用地存在的主要问题

受宏观经济形势变化和复杂国际环境的影响，广州市工业发展面临较大压力。从2013年至2018年全市工业增加值增长速度从12.1%下降到5.5%，第二产业增加值占地区生产总值的比重从33.9%下降到27.27%，低于上海（30%）、深圳（41.1%）。这当中既有新旧动能转换、产业结构转型升级，也有工业发展水平由量变向质变艰难转化的问题。其中，最需要引起我们重视的是工业用地的规模和效率问题。

### （一）工业用地规模总量不足

工业用地总量不足难以满足工业中长期发展需求，进而难以支撑实体经济发展。对比国内其他城市，广州市现有工业（含仓储）用地规模及占城乡建设用地面积的比重不高。据摸查数据统计，全市现状工业（含仓储）用地总面积约387.70平方公里（其中，工业用地面积346.98平方公里，仓储用地40.72平方公里），低于上海（839平方公里）、东莞（547平方公里）、佛山（495平方公里）等城市。现状工业（含仓储）用地占城乡建设用地的25.3%，与北京、上海大体相当，低于深圳（32%）、佛山（41%）、东莞（49%）。与此同时，大量工业用地面临功能转型和清退。截至2018年底，我市工业用地旧改项目总用地面积共17.74方公里，其中绝大多数为"工改商""工改居"项目，"工改工"项目用地面积仅0.95平方公里，面积占比仅约5%。

如果按照广州市工业用地中长期占城市建设用地比重20%～25%（深圳为30%）测算，那么预计到2035年，广州市工业用地总规模至少需要保证约440～545平方公里才能满足工业发展的需要，土地缺口问题在2030年左右就会显现。因此，为支撑中长期工业稳定发展，缓解工业用地供给紧张，加快推进土地供给侧结构性改革，保障工业用地稳定供应，已经变得刻不容缓。

### （二）工业用地利用效率不高

用地效率低下，难以满足制造业高质量发展需求，进而难以支撑实体经济发展。广州用地效率低的表现为：一是工业用地总体产出效率偏低。2018年全市工业用地地均增加值14.5亿元/平方公里，低于深圳市18.7亿元/平方公里的水平。外围工业发展的重点区域白云、花都、增城等远低于全市平均水平。二是工业用地供而未用问题普遍。全市供而未用工业用地总面积约40平方公里，约占现状工业用地总面积的10%。2016年的公开数据显示，当年有59宗超出约定动工期限，面积246.22公顷，数量、面积分别工业用地宗数、面积的17.61%和13.61%。三是工业用地用而低效问题突出。截至目前，全市纳入标图建库的旧厂（含部分村级工业园）面积167.5平方公里，占全市工业用地总面积的40%以上。占全市工业用地约30%的村级工业园，仅贡献了全市10%的工业总产值、6%的工业企业税收。

## 二、工业用地低效的原因分析

广州市工业用地总量不足和效率低下，其原因表现为多方面的综合集成，这包括工业思维重视不够、工业提升缺乏支撑、工业政策重视不够等等。

### （一）增量空间不足和存量空间减少，导致工业用地总量不足

1. 土地政策环境限制了工业用地增量空间

一方面国土空间规划对中长期建设用地规模进行了限制。中共中央、国务院印发的《关于建立国土空间规划体系并监督实施的若干意见》，要求各地做好减量规划，坚定不移推进节约集约用地，优化土地利用结构，盘活存量土地。按照广州新一版的国土空间规划，规划2035年建设用地规模控制在2180平方公里，相对于现行2020年土地利用总体规划的建设用地规模1949平方公里，新增建设用地规模只有231平方公里。在减量规划的大环境下，使未来用于工业发展的增量用地空间十分有限。另一方面，国家和省对建设用地指标管控日趋严格，成片连片工业用地报批、储备和供应工作与重大项目落地需求存在结构性矛盾和"有项目无地，有地无项目"现象。例如：黄埔区因中心城区用地指标不足，虽已完成用地报批143公顷，其中已落实指标仅20公顷，未落实用地指标达123公顷，多个意向项目如LG电池、中科院太赫兹、中科院纳米科学中心等项目因用地指标未落实延缓项目落地。

2. 不同用地价格差挤占了工业用地存量空间

一方面，市场对工业用地和商业用地地价"双轨制"存在不合理的套利预期。以2017年为例，全市挂牌出让商服用地地均24754元/平方米，而工业用地地均出让价格约971元/平方米，仅为商业用地的1/25。土地出让价格的巨大鸿差，导致了权属方和房地产商的不合理预期。"工改商居"项目收益快、资金回笼时间短、市场风险较低，导致大批存量工业用地被改为商业和居住，进一步侵蚀了工业用地空间。另一方面，早期"退二进三"政策实施导致大量存量工业用地用途变更。据初步分析，广州市现状

工业用地规划为非工业用途的约占50%。其背后原因，在于伴随我市城市化的快速推进和早期"退二进三""腾笼换鸟"政策的实施，工厂逐渐迁移出城市中心，市中心城区的大部分存量工业用地控规已经调整为非工业用途。

### （二）土地集约化程度偏低和新旧转换动能不足，导致工业用地效率低下

**1. 工业用地集约化程度偏低**

一是产业规划和空间规划衔接不够紧密。产业主管部门的产业规划编制与空间规划缺乏有效衔接，导致产业规划无法落地；规划部门的产业集聚区（园区）空间规划对产业集聚区（园区）的战略定位、产业集群等缺少深度研究，对适应不同产业集群所要求的空间结构、路网布局、配套设施关注较少。二是用地空间供应和产业集聚需求匹配性有待提升。我市现状工业用地主要分布于城市外围地区，白云、黄埔、番禺、增城4区现状工业用地总量约占全市工业用地总量的62%，呈现黄埔南—增城西、白云区中西部、花都区中南部3个工业集聚中心。同时，全市现状工业用地图斑约2.4万个，平均规模约1.6公顷，总体分布比较分散。也就是说，全市现状工业用地总体上呈现小集中、大分散的空间布局特征，不利于大项目引进和产业链上下游集聚。三是实际开发强度与标准差距较大。市域（增城、从化除外）现状工业用地平均容积率为0.70，容积率1.0以下的工业用地占到现状工业用地总面积的81%。近10年出让工业用地平均容积率仅为1.7，总体开发强度远低于《广州市提高工业用地利用效率实施办法》提出的工业用地容积率下限1.2、上限4.0的标准。

**2. 旧厂房园区转换提升动能不足**

一是利益驱动不足导致物业改造难。旧厂房园区"微改造"投资收益率低，产业生态营造及培育期长，改造主体实施物业升级普遍意愿不高。二是"劣币驱逐良币"及监管缺失导致新业态进入难。国有工业厂房、村级工业园区竞价租赁机制，导致偏重于人才创新要素投入、合法合规经营、依法纳税的新业态难以通过"价高者得"方式进入。街镇政府对于低端产业清退需要稳步推进，对于产业导入事前、事中、事后监管还比较薄

弱。三是配套细则不完善导致新旧业态转换难。《广州市村级工业园整治提升实施意见》业已出台，但是区级层面对历史违法建设处理、消防验收等具体实施细则尚未制定，手续不完备造成园区招商难。

### （三）政策不完善和监管机制缺失，导致土地高效利用导向减弱

**1. 工业用地供应配套政策不完善**

一是"先租后让""弹性出让"等政策实施存在缺陷、市场接受度不高。为降低企业用地成本，加快土地要素流转，避免土地闲置，2017年8月，广州市印发了工业用地先租后让、弹性出让的实施办法，将出让年期核定权明确下放给各区，希望充分调动各区的积极性，引进适合本区发展需求的项目落地。然而截至目前，先租后让、弹性出让的工业用地占比不足10%，政策创新提高用地利用效率的预期并未得到市场接受。原因如下：（1）工业用地出让价格较低，企业对工业用地成本不敏感。（2）先租后让、弹性出让用地实施刚性不足，各区的招商标准和供地方式没有形成强制挂钩，企业普遍希望争取50年的出让年限。（3）先租后让、弹性出让用地，土地权益不完整导致企业无法抵押融资，不利于企业扩大再生产。二是新型产业用地配套政策有待完善。广州市今年出台了新型产业用地（M0）政策，该项政策对盘活当前工业用地，为创新型企业发展提供载体空间具有重要意义。目前，M0用地管理细则还未出台，准入标准、审查流程和退出机制有待明确，政策红利还未向创新型企业、向实体经济释放。

**2. 监管机制科学性系统性实效性有待加强**

一是监管机制缺失。工业用地全生命周期管理主要体现在项目准入、用地供应、产业监管、退出机制四个环节。目前，广州市工业用地监管在事前项目准入和事中的用地供应上较为完善，但事后的产业监管和退出机制相对薄弱。市级层面缺乏系统的工业用地监管办法对各区进行指导，而区级层面尚未制定具体的工业用地监管细则。二是监管主体缺失。工业用地监管内容包括建设、投入、产出、科技创新、节能环保等要素，涉及规划自然、工信、发改、科技、税务、市场监督、环保等多部门。当前工业用地监管缺乏一个明确的牵头部门，各部门在工业用地监管的职责分工不

明确、信息不共享，增加了工业用地后续监管难度。三是奖惩措施难以落实。目前工业用地违约处罚主要为缴纳违约金或收回土地，但在实际操作中难以实施，产业监管协议的效果难以实现，对企业监管作用有限；同时，缺乏可量化的正向激励政策和反向倒逼手段，在推动企业产业转型、提升产出效率方面的激励和引导作用尚未体现。

## 三、以制度创新推动工业用地提质增效的对策

实体经济特别是制造业发展，其首要任务就是保障好产业发展空间。根据对问题诊断及其原因分析，我们认为，必须狠抓体制机制改革创新，用制度创新的办法，通过"稳定总量、拓展增量、创新政策、加强监管"多条途径、多管齐下，以实现工业用地提质增效的发展目标。

### （一）开展工业产业区块划定，谋划建设"工业保护区"

要坚持用工业思维提升广州经济发展水平，大力推动制造业高质量发展。一要加快工业产业区块划定。市工业主管部门和规划主管部门要加快开展全市工业产业区块划定工作，将工业产业区块作为全市未来工业用地的管控底线，保护全市先进制造业、战略性新兴产业的核心发展载体。针对规划已经调整为非工业用途的工业用地，经评估适合继续保留工业用途的，结合工业产业区块的划定启动批量调规工作。二要加紧制定《广州市工业产业区块管理办法》。明确工业产业区块划定和调整、区块内用地管理、产业管理等方面的要求，为解决新增工业用地少、旧工业用地荒废问题探索新路，为实体经济高质量发展建起一道安全阀。三要强化产业规划与空间规划协同。重点落实东翼、南翼、北翼三大产业集聚带的建设，加快编制全市产业地图。在全市产业规划指导下，各区根据各自的产业定位，以工业产业区块为工作底图，划定本区产业功能片区。围绕功能片区产业集群所要求的空间结构、空间尺度、路网结构、市政设施等，开展空间规划，以工业用地空间集聚推动产业链上下游集聚。

### （二）大胆发展飞地经济，不断拓展土地增量空间

要加速推动广州工业空间的拓展，采用服务型工业发展思维，推动

"总部在广州、制造在市外"新模式，大力发展飞地工业经济。一是探索飞地经济体制机制。借鉴深汕特别合作区的成功经验，设立高层次、常态化的管理机构，强化协调机制，统筹合作区发展协调工作；设定更灵活的市场化人员机制，突破固有的公务员、事业编制模式，聘请专业的行业人才，完善相关聘用、绩效制度；探索多种方式的利益共享机制，打造具有广州特色的飞地经济新样板。二是统筹广清两市产业规划。围绕正在筹备设立的广清经济特别合作区，加快《广清一体化产业规划》修编，把"三园一城"（广清、广德、广佛三个产业园和广清空港现代物流产业新城，总面积约140平方公里）纳入广州市总体产业规划进行布局，推动两市产业协调发展，形成梯级递进的产业布局，促成飞地经济发展的新形态。此外，远期可以考虑将广梅产业园等纳入广州市飞地经济范围。三是强化本地产业与飞地产业协同。积极引导本地有溢出需求的企业布局广清经济特别合作区，鼓励企业将总部和研发留在广州，将龙头企业的配套企业以及骨干企业的生产、制造等环节在合作区进行异地布局，以飞地方式拓展产业发展的增量空间，推动区域间产业联动发展，为广州市腾出宝贵的土地资源布局更高端的高科技项目。

**（三）围绕产业用地需求，创新多层次土地供给**

坚持用产业用地创新的办法提高土地效率；强化土地混合利用，创建复合型科教地产、新型产业地产、综合型总部地产；强化地上地下空间一体化开发，加大地下空间开发建设力度；强化"工业上楼"，加快建设现代化"摩天工厂"。一是创新供地模式。制定产业准入标准，与供地方式进行强挂钩，针对不同类型的企业采用不同的供地方式。对龙头骨干型企业，采用50年年限供地方式；对高成长性创新型企业，采用工业用地弹性出让方式，试行10～30年不等弹性出让年限，保障土地登记、抵押、出租、自动续期等权益；对有一定规模的创新型中小企业，试行多家企业联合拍地新供地模式，拍地后委托专业公司代建运营，允许建成后的产业用房按栋或按层进行分割确权，降低中小企业用地获得成本。二是探索政策性产业用房模式。规划建设一批政策性产业用房，采取同地段相对低的价格租赁、先租后售、租售结合、股权作价等方式合作，面向高新技术型中小企业招商并提供优质专业园区服务。加快出台新型产业用地（M0）和工业物业产权分割实施细则；实现"以地招商"向"以房招商"转变。三是探索建设"摩天工厂""摩天工坊"。制定配套政策，逐步取消工业用地容积率上限控制，促进类型相近、相关的产业集聚，推动"工业上楼""园区上楼"。

### （四）打造高端工业园区，推进低效用地"工改工"

要加速推动广州产业集聚化集群化发展，创建多类型、高端型产业园区，打造土地集约型的现代化产业园区。一是打造一批价值创新园。在《广州市加快IAB产业发展五年行动计划（2018—2022年）》确定的10大价值创新园基础上，围绕粤芯半导体等新落户或达产的重点项目增补一批价值创新园。根据价值创新园的主导产业定位和产业特点开展园区空间规划，依托园区龙头企业的集聚效应和辐射作用，开展产业链招商，打造高效协同的产业集群。二是策划一批低效用地"工改工"项目。在实现全市村级工业园精准分类的基础上，指导各区加快村级工业园"工改工"项目的储备、谋划和实施。建立"政府主导+国企参与"机制，调低投资收益预期，配套激励和容错机制，鼓励国企及国有投资运营平台参与旧厂房园区改造。引入市场机制和专业化园区运营机构，盘活低效用地。积极引导中心城区村级工业园重点借鉴"天河模式"，通过综合整治的方式打造孵化器和众创空间；推动番禺、花都、增城、从化等有一定产业基础的区，重点围绕皮具皮革、音响、服装、珠宝等产业谋划打造出一批基于传统优势并有更大发展前景的产业集群。三是完善低效用地园区改造倒逼机制、监管机制和配套政策。结合全市拆违、"散乱污"企业和场所整治，通过以改带拆、以拆促改、改拆结合，形成低效物业转型升级的倒逼机制。建立旧厂园区化改造的产业监管机制，发挥上下联动及区、街镇的主体作用，做到事前产业导向审核、事中产业导入监管、事后违规产业清退。充分发挥市、区两级村级工业园区整治提升工作领导小组统筹协调作用，出台配套细则，对符合消防设计标准的园区改造项目予以消防验收通过，鼓励各区探索出台以单位面积产出为导向的园区绩效奖励政策。

**（五）建立全生命周期监管标准，完善全流程监管机制**

在产业用地日趋紧张的情况下，工业用地监管十分重要，因此对于产业全生命周期的用地监管需要摆上重要议事日程。一是事前定清单、严标准。全面推进区域能评、环评、水土保持、矿产压覆和地质灾害等多评合一，完善区域负面清单，把好产业筛选"第一道闸"；推行标准地，提高准入门槛，建立涵盖开发强度、产出效益、绿色发展和创新投入四个维度指标的全要素产业准入清单，企业拿地时签订产业监管协议和投资达产承诺书；试行承诺制信任审批，加快项目开工建设；推行准入门槛与供地方式挂钩，完善弹性出让、先租后让、补缴地价等供地方式的差异化准入标准制定。二是事中强监管、强权益。在区级建立由规划自然部门牵头，工信、发改、科技、税务、市场监督、环保等多部门参与的工业用地全生命周期管理机构，加强信息共享，明确部门责任，加强部门联动。将产业监管协议纳入土地出让合同或者与土地出让合同并行使用，作为产业监管依据；落实项目履约保证金制度，对工业用地项目征收一定比例的履约保证金，分别用于开竣工监管和达产监管，倒逼企业早日投产达效和集约用地；保障弹性年期出让土地登记、抵押、出租、自动续期等权益的完整性。三是事后抓绩效、抓落实。建立涵盖经济效益、环境效益、社会效益、创新能力等多维度、多指标的工业用地绩效评估机制，开展达产评估、运营阶段定期评估，纳入全市产业用地监管信息平台实行动态监管，并据此制定可量化的奖惩措施。制定低效用地认定标准和责任认定标准，强化低效用地处置政策，提供"工改工提容、整体转型、主动退出、强制收回、协商回购"等多条出路，在土地出让合同明确强制收回条件，不符合强制收回条件的低效用地，建立协商回购机制，如采用残值补偿方式回购。集中开展批而未供、供而未用、闲置土地和园区低效利用土地处置，对落实不力的区适时启动责任追究和倒查机制。建立工业用地企业诚信制度，对未履行合同及产业监管协议的企业实行多部门联合惩戒。

**（六）探索"亩均论英雄"综合评价机制和差异化政策体系**

借鉴浙江、杭州等地"亩均论英雄"的经验做法，通过正向激励机制引导企业提高土地利用效率。一是建立"亩均论英雄"的综合评价机制。

建立以亩均税收、亩均增加值/营业收入为核心的综合评价指标体系。依托产业大数据平台，整合规划资源、市场监管、税务、统计、环保、水务等部门的相关数据，为综合评价指标体系提供数据支撑。根据评价结果，将企业进行分类分档，作为后续差异化政策实施的依据。二是探索"亩均论英雄"的差异化政策体系。鼓励有条件的区试点探索分类分档的差别化城镇土地使用税减免政策、用能用水政策、排污政策、信贷政策。工信牵头联合发改、科技等部门建立健全产业扶持政策与综合评价结果挂钩的联动机制，对评价结果档次靠前的企业，鼓励其申报和享受各级各类财政扶持政策；对档次靠后的企业，原则上不支持其申报和享受有关财政性奖励等政策。

（林满山）

# 深化工程审批制度改革
# 创新工业用地全流程精细化管理

实体经济是财富创造的根本源泉，工业是实体经济的核心，2013年至2018年广州市工业增加值增速从12.1%下降到5.5%。面对实体经济增长的放缓，广州要坚持高质量发展，促进新旧动能转换，以建设具有国际竞争力的创新型现代化产业体系为目标，推动工业用地供给侧结构性改革，建立工业用地供给的全流程、精细化管理体系，为构建现代产业体系提供空间保障。

## 一、传统工业用地审批存在的主要问题

### （一）审批后工业用地利用效率低下

一是工业用地总体产出效率偏低。2018年广州市工业用地地均增加值约为14.5亿元/平方公里，与深圳（18.7亿元/平方公里）相比存在明显差距，外围工业发展的重点区域白云、花都、增城等远低于全市平均水平；二是土地开发强度不高。工业用地平均容积率为0.70，容积率1.0以下工业用地占到总用地的81%、总建设量的60%，远低于相关标准；近10年出让工业用地平均容积率仅为1.7，总体开发强度接近广州市标准的下限（《广州市提高工业用地利用效率实施办法》提出工业用地容积率下限1.2、上限4.0的标准）；三是低效工业用地量大面广。2018年，全市工业用地面积346.98平方公里，只有31%位于国家级、省级开发区；现状工业用地图斑约2.4万个，平均规模约1.6公顷，2公顷以下图斑占约81%，呈现出分布零散、空间碎片化的特征；村级工业园面积约104平方公里，占工业用地总

面积的30%，仅贡献了全市10%的工业总产值、6%的工业企业税收。

### （二）工业用地监管尚未到位

广州市制订了《广州市提高工业用地利用效率实施办法》等政策文件，建立了包括项目准入、用地供应、产业监管、退出机制四大方面的产业用地供应管理体系，并通过供应合同和投资监管协议进行监管，但实际执行较为困难。一是项目建设监管力度不强，对企业拿地后开竣工、建设周期等监管缺乏有法律约束力的依据；二是项目建成后的监管难以操作，缺乏明确的监管操作指引，对产出指标、转租、分割转让、改变用途等的监管尚未到位。

### （三）低效工业用地处置难以落实

政策文件针对不同违规违约情况，提出采取多种惩戒手段，如主动退还土地、督促整改、收取违约金、收回土地等措施，但操作中存在落地难的问题，如增城、黄埔、南沙、花都、白云等区对于规定期限内未达产、未按期竣工闲置土地的项目均采取收回土地的方式，给予货币补偿，但在操作中存在收回土地难的问题，实际收回成功的案例非常少。

## 二、传统工业用地审批存在问题的原因分析

### （一）产业准入标准不细致

制定了《广州市产业用地指南（2018）》，对产业准入门槛有较明确的规定，但是准入标准不细致，难以适应高质量发展要求：一是环保和科技指标不足，如《广州市产业用地指南（2018）》主要考核投资强度、容积率、建筑系数、绿地率等经济和规划指标，研发机构用地缺乏创新成果产出指标；二是指标没有与供地方式和产业类型挂钩，缺乏针对弹性出让、先租后让等供地方式和新型产业用地（M0）、价值创新园区的准入标准和评价标准，主观性比较强。

### （二）全流程监管体系不畅通

已经建立了项目准入、用地供应、产业监管、退出机制在内的监管体系，但各个环节均存在短板，特别是事中和事后监管相对薄弱，造成流程

不通。事中监管主要采取投资监管协议，但协议未作为土地出让合同的附件，法律效力较低，而且全市没有形成统一的协议样本，各区各自制定，对企业的监管力度不强。事后监管缺乏操作细则，评估考核的主体、考核程序不清晰，缺乏第三方机构评估机制和违约责任界定规则，土地的闲置常常是企业原因与政府原因多种因素杂糅，用地企业打政策"擦边球"，导致实际工作难以操作。

### （三）奖惩联动机制有限

针对绩效评估后的奖惩引导机制不足，正面激励缺乏，反向倒逼不足。针对低效用地处置、惩罚的政策手段有限，缺乏分梯度的违法违规违约处置细则，如低效土地资源强制收回、回购、改造、补贴等具体的操作指引，对政府收回土地的赔偿机制也没有界定，对建筑物的闲置盘活制度不完善，用地退出实施难、效果有限；针对高效用地缺乏鼓励性措施，对达标企业相应支持措施少。

### （四）管理主体多头

一方面，市级层面缺乏系统的工业用地监管办法，对各区政府、广州空港经济区管委会的指导不足，而区级层面尚未制定具体的工业用地监管细则，市区没有形成统筹联动机制。另一方面，缺乏工业用地监管牵头部门，相关部门职责以"谁提出谁监管"为原则，但具体监管职责存在交叉，如用地指标由规划与自然资源部门监管，经济指标由相应经济职能部门监管，但工信部门与发改部门存在职能交叉；工业用地数据归口在规划资源、工信、工商、税务、统计等多个部门，信息尚未有效关联匹配和共享，如市规自部门的空间信息平台、地税部门的企业信息数据库、工商部门的工商登记数据库等缺乏共享，用地数据和产出效益数据没有汇集，难以支撑绩效评估和监管。

## 三、进一步落实深化工程审批制度改革的建议

建立市工信部门牵头、相关部门和各区政府联动的工作架构，搭建全流程、精细化的工业用地供给管理体系，完善"事前—事中—事后"产业

监管体系，实现严把准入、管好中间、守住后端，为经济高质量发展提供空间保障。

### （一）事前定清单、严标准

细化负面清单制，把好产业筛选"第一道闸"。在全面落实区域能评、环评、水土保持、矿产压覆和地质灾害等"多评合一"的基础上，由市发改部门牵头，进一步细化不同区域的产业准入门槛（包括产业导向、经济效益、环境保护、科技创新等），一次性形成区域产业准入负面清单。

推行工业标准地，提高项目引入门槛。由市工信部门牵头，制定工业用地准入标准，突出科技、效益和环保指标，建立涵盖开发强度、产出效益、绿色发展和创新投入等多维度全要素的工业准入指南，形成统一的工业标准地供应方案（包括产业监管协议和投资达产承诺书）、全生命周期管理要求和和土地出让合同，同时试行承诺制信任审批，企业签订土地出让合同后简化审批程序，实现快速开工建设。

探索产业类型、标准与供地方式挂钩。在工业标准地基础上，由各区政府会同市规自、工信、发改等部门，针对不同类型企业（如龙头骨干企业、科技创新企业、中小微企业等）、不同工业项目采用差异化的供地方式和出让年限；由市工信部门牵头，完善弹性出让、先租后让用地的产业项目种类、投入产出标准、用地规模、环保要求等准入条件及其评估细则。

### （二）事中强监管、保权益

细化产业监管协议内容。由各区政府牵头，产业监管协议增加企业注册登记、改变股权结构、转让和转性等规定，堵住套利空间，如：工业用地使用权人应当在本地注册和办理工商登记；出资比例结构、项目公司股权结构改变的，应当事先经出让人同意；不准随意改变用地性质等。产业监管协议要纳入出让合同，形成法律效力。

强化拿地后开竣工监管。由各区政府牵头，根据产业监管协议，加大拿地后开竣工跟踪监管，跟进并掌握项目开发利用进展，对因企业原因未开工建设的，及时通过催告函、征收土地闲置费、无偿收回等措施督促企业按合同及投资监管协议履行，依法依规开展合同违约处置工作；落实项目履约保证金制度，对工业用地项目征收一定比例的履约保证金，分别用于开竣工监管和达产监管，倒逼企业早日投产达效和集约用地。

完善企业土地权益保障。由各区政府牵头，大力推行用地清单制，确保用地红线范围内"豁免制"实施，真正实现"取地后即可实施"；保障弹性出让土地登记、抵押、出租等权益的完整性，使用权到期前，经综合考评达标的，可采用协议出让方式续期；针对不同产业类型的变化或更新周期长短，建立差异化的准入和退出机制；

探索"以房招商"降低企业成本。由供地转向供房，由产业园区运营平台建设标准化厂房、个性化定制厂房，出售或租赁给企业；试点推行多家中小企业联建竞拍模式建设科创楼宇，允许分割确权，解决企业"恒产"需求和科创企业办公需求。

**（三）事后出细则、明责任**

制定工业用地绩效评估细则。明确评估任务，开展达产评估、运营阶段定期评估、到期评估等绩效评估工作；明确评估指标，按照产业用地出让合同的准入标准确定指标；明确评估主体，由各区政府作为评估工作主体，引进独立第三方对各项指标或者合同约定的事项进行考核，对不达标的要求整改或退出。

建立低效用地处置和高效激励机制。由各区政府牵头，制定低效用地认定标准和责任标准，明确低效用地面积、范围，及分等定级，形成低效用地数据库和底图底数，界定低效用地的责任边界（政府或企业）；针对低效用地提供"工改工提容、整体转型、主动退出、强制收回、协商回购"等多条出路，在土地出让合同明确强制收回条件，不符合强制收回条件的低效用地，建立协商回购机制；对于绩效评估高的产业用地，建立正向激励机制，如：按需核定开发强度、下调租金、减免税收、产业扶持等。

建立工业用地监管信息平台，将全生命周期履约情况纳入公共信用体系。由市工信部门牵头，建立工业用地监管信息平台，打通部门之间的数据壁垒，与现有土地供应数据相整合，明确各区政府定期填报投达产有关数据，确保工业用地的准入条件、供应信息、单位投资、产出效益、履约情况、股权结构变更、转让和出租等信息全链条覆盖，定期分析监测工业用地绩效情况，实现多部门信息共享、协同管理；将守信和失信市场主体纳入公共信用监管体系，并与银行金融系统信用体系挂钩。

（魏凌波）

# 坚决清理"僵尸企业"
# 优化国有企业资本结构

习近平新时代中国特色社会主义思想关于经济建设的意见中指出，要把推进供给侧结构性改革作为经济高质量发展的主线，提出"巩固、增强、提升、畅通"的八字方针总要求。所指"巩固"——即要巩固"三去一降一补"成果，推动更多产能过剩行业加快出清，降低全社会各类营商成本，加大基础设施等领域补短板力度。为深入贯彻习近平新时代中国特色社会主义思想和党的十九大精神，近年广州市一方面降低企业纳税负担，全力落实国家降低制造业、交通运输业、建筑业和小微企业税收负担政策，另一方面深入推进"僵尸企业"清理工作。余下尚未清理完毕的"僵尸企业"，都存在着多项问题相互纠缠，清理障碍错综复杂，往往还捆绑着一定量的沉淀资产有待解套。坚决清理"僵尸企业"，务求进一步优化国有企业的资本结构，释放被套资源，为社会和企业发展提质减负。

## 一、"僵尸企业"的界定

### （一）理论层面的定义

从理论层面分析，"僵尸企业"是指丧失自我发展能力，必须依赖非市场因素即政府补贴或银行续贷来维持生存的企业。尽管这些企业不产生效益，却依然占有土地、资本、劳动力等要素资源，严重妨碍了新技术、新产业等新动能的成长。僵尸企业不同于因问题资产陷入困境的问题企业，能很快起死回生，僵尸企业的特点是"吸血"的长期性、依赖性，而放弃对僵尸企业的救助，社会局面可能更糟，因此具有绑架勒索性的特征。

### （二）实际操作上的定义

以上理论表述具有一定道理，但是未完全也不够具体，根据《广州市国资委关于开展2018年底国有"僵尸企业"排查库滚动排查工作的通知》（穗国资产权〔2019〕10号）的精神，国有"僵尸企业"认定标准：一是关停企业是指完全处于关闭或停业状态、职工已安置或仍有部分留守人员、营业执照被吊销企业以及"三无"（无人员、无资产、无场地）企业；二是特困企业是指资产负债率超过85%且连续三年以上，或主要靠政府补贴或银行续贷等方式维持生产经营，或连续三年欠薪、欠税、欠息、欠费，生产经营困难造成停产半年以上或者半停产一年以上的，满足三个条件之一的均为特困企业。广州市国资委对"僵尸企业"给出了定性和定量的描述。

从以上两个定义对比不难看出，清理僵尸企业的工作范围还更广泛地包含了那些长期处于休眠状态，基本不占有资源的空壳公司；另外还有一类曾经运营，后来因欠下债务无法偿还而关停，且资源早已耗尽无力偿还债务的负债公司。工作中有人质疑这两类公司清理起来没有释放沉淀资产的潜力，还可能激起一定历史问题，对其清理的必要性存在疑问。如果我们从防范化解重大风险和国有企业社会责任的角度看，就会明白清理这类空壳公司和负债公司的必要性。

## 二、广州市对"僵尸企业"的分类和基本出清路径

僵尸企业一般都不是当期形成的，短则2～3年，长则有10～30多年的历史，通常伴随着各类负债严重、股权结构复杂、有用资产解套难、法务纠纷繁杂、职工相关费用拖欠等众多历史遗留问题。错综复杂的关系，让"僵尸企业"的出清思路梳理比较容易失去头绪。广州市以资产和负债的关系为主线，对其进行梳理及提出基本出清路径。

可盘活资产当期价值大于负债的企业。一般通过自行清算，以尽可能低的成本结清负债，盘活和转移存量资产后注销原有企业。

可盘活资产当期价值小于负债，但资产未来盘活收益会有较大增幅可能的企业。一般通过破产方式清算，但需在向法院提出破产前对资产进行剥离转移（为确保剥离资产的相对安全，一般在剥离资产后2年才提请法院进行破产）。

可盘活资产当期价值小于负债，且存在目前政策或企业原因目前无法剥离的资产的。如暂时无法确权和转移的物业（历史上企业与城中村合建的职工住房等），又如因无法缴交大量土地出让金而不能转移剥离的物业（老厂房和职工宿舍等），在债务风险可控的情况下，直接采取吸收合并的方式；在债务风险较高且不可控的情况下，笔者建议还是需要以职工住房稳定以及社会和谐为大局，不能采取破产的方式，而要努力寻求资金先行解决最必要的债务以降低吸收合并的风险。

有用资产早已耗尽的负债公司；以及长期处于休眠状态（包含三无企业，更多会伴随着股东和法人失联的情况），基本不占有资源的空壳公司。对于这类企业，可以根据股权结构和股东情况、债务风险状况、出清流程要耗费的费用和时间成本等各因素，综合衡量选定破产清算、强制清算或自行清算等路径。

以上各类型情况，都可能伴随着职工历史欠费和福利补缴、职工宿舍安置和住房货币补贴等诸多涉及社会稳定和谐的问题，在选择出清路径和制定出清方案时，必须优先考虑该类问题。这也是充分体现和践行习近平新时代中国特色社会主义思想关于构建共同建设、共同享有的社会主义和谐社会的精神。

## 三、"僵尸企业"出清工作中的难点与对策

### （一）大额的土地出让金的缴交给企业带来沉重负担

在上述所谈及的"僵尸企业"清理路径中，企业现有资产进行剥离转移均是需要提前处理的问题，而目前主要存量资产大部分为企业原有的国有划拨用地、建筑物和职工宿舍等物业。对这类物业进行剥离转移，一方面是为了更有效地保护国有资产，为其盘活升级创造空间，提升资产

质量；另一方面是为了职工能继续使用这些宿舍，确保职工安定和社会和谐。但物业进行国有资产划拨时，按照国土资源部门的有关政策，需按基准地价平均标准的40%计算和缴交土地出让金。就以笔者所在市属国有集团为例，需处理"僵尸企业"共计46家（已完成19家），涉及需要剥离转移的土地物业：土地面积2.77万平方米；房屋面积2.71万平方米（其中1.81万平方米为职工宿舍）。按照政策，全部剥离转移需要缴交土地出让金近2亿元。而整个广州市目前余下还有336家"僵尸企业"需要出清，其庞大的费用支出，给市属国有集团带来相当的负担。

广州市政府对纳入"僵尸企业"名单的企业依据一企一策原则，制定有关土地出让金的优惠政策，减轻企业物业转移的成本。例如对于资产转移后有后续升级盘活计划的，可采取时间换空间的思维，待资产盘活产生价值后再分期补缴土地出让金；对于职工宿舍转移的，考虑社会稳定和谐需求，可免缴土地出让金等。这有利于让各级国有企业节省下来的土地出让金，一方面用于企业自身发展；另外一方面减低企业自身出清障碍，有效解套沉淀资产，打破没有钱无法解套，但解套才有钱的死循环关系，提高企业处理僵尸企业的积极性和；再者也是社会和谐稳定发展的需要。

### （二）对不用偿还的历史债务需缴交大额所得税，给出清工作路径选择和企业资产结构带来新问题

根据国家税法，企业进行自行清算时，必须经过税务清理，此环节若遇到不用归还的债务，则需要按照债务额的25%缴交所企业得税。例如A公司在清算前期已完成尚存债权人的债务清理，但已消亡债权人在账上还有4000万元的债务无需清还，如A公司以自行出清方式清算，则要向税局缴交4000*25%=1000万元的企业所得税。按照现在可行路径，要避免缴交这1000万元的税金，一是可以选择破产路径，二是可以选择由上级单位对其进行吸收合并的路径。一般情况下选择破产路径最为干净妥当，但是遇到一种特殊情况：如果A企业同时拥有因未确权或者不能确权而无法剥离转移的职工宿舍，选择破产路径就会带来职工稳定和社会和谐问题，那就被逼选择由上级单位对A公司进行吸收合并的办法，也就意味着该上级单位资产结构上要承接来自A单位该笔不用偿还的4000万元负债。如果不

止一个A单位呢？还有B、C、D等单位呢？那么很可能就会从财务数据上拖垮该上级单位，导致上级单位变成一个新的僵尸企业，如此恶性循环下去。

广州市政府协调国家税务部门，对"僵尸企业"这类不用归还的历史欠债可以进行甄别和税收减免，以免造成清理几个小僵尸企业又再派生一个大僵尸企业的新问题。企业一般是不会掏钱出来去填税或是承受破产风险。税收可以有针对性地对待该类历史问题，给出清工作减负，也是真正意义上的清理不良资产，改善国有资本结构，更符合"僵尸企业"出清工作的本质要求。

### （三）职工住房问题和社会化移交问题需进一步解决

"僵尸企业"多为具有十多年历史以上的老国企，该类企业职工宿舍多，未移交社会化的人员也多，随着企业的出清，这类老职工对住宅的稳定和养老关系的去留问题越来越关心。所住的宿舍无法进行存量公房购买，退休人员关系不愿转移社会化管理等问题日益集中，也成为"僵尸企业"出清过程中上访维稳的最常态问题。

在策略上，一是细化企业存量公房出售政策，目前存量公房出售主要因为房屋无独立厨厕、房屋当期评估价值较高等问题，让老职工无法购买。建议可由市内有关部门牵头，对存量公房处置方案进行进一步细化，与各市属企业一并，就房屋的出售条件、出售价值确定等进行细化，给出更多可操作和选择路径；另外还可对于因"僵尸企业"清理而万一失去原有宿舍的职工，提供申请公租房和保障房的特殊通道。二是进一步细化退休人员移交社会化管理的方案，并加大社会化工作的宣传力度，有效提高退休人员社会化程度。

国有企业供给侧结构性改革任重道远，"僵尸企业"清理是优化资本结构的重要一环，也是对历史问题勇于承担、敢于改革的新时代斗争精神的体现。我辈必定孜孜不倦，不断学习习近平新时代中国特色社会主义思想，并以身践行，在这百年未有之大变局中贡献力量。

（姚展帆）

# 完善政策环境
# 助力广州建设跨境电商枢纽城市

《粤港澳大湾区发展规划纲要》指出，广州要充分发挥国家中心城市和综合性门户城市引领作用，全面增强国际商贸中心功能，着力建设国际大都市。广州作为千年商都，为跨境电商新业态新模式提供了良好的发展环境。跨境电商枢纽城市是跨境电商货物配置、流通的重要节点，具有国际采购、全球配货、国际分拨等综合服务功能，在引领区域经济发展、辐射带动国际贸易、参与国际市场竞争等方面发挥关键作用。随着数字经济的到来，国家贸易格局正发生深刻变化，将广州建设成为跨境电商枢纽，对推动经济转型升级、促进高质量发展，增强国际商贸中心功能具有重要作用。在建设粤港澳大湾区时代背景下，广州需要全面增强国际商贸中心功能，通过落实优化市场营商环境、加快推动产业集聚、加强产业模式创新等方面的措施，形成产业发展新优势，借助"有形的手"，提升广州综合性城市引领作用。

## 一、建设跨境电商枢纽城市的意义

### （一）有利于加快产业升级，形成外贸业务优势

当今世界正处于百年未有之大变局，国际贸易环境十分复杂。建设跨境电商枢纽，着力培育发展新产业新业态新模式，有利于促进各类资源要素集聚，把新业态与中国制造深入融合，推动实体经济和对外贸易转型升级，形成外贸竞争新优势，推动产业转型升级。

**（二）有利于发挥市场优势，提高对外开放水平**

当前全球经济治理体系正在发生深刻变化，新型经济贸易形态正在形成。跨境电商作为信息技术与传统经济产业相结合的新业态，成为国际贸易形式的重要组成部分。建设跨境电商枢纽城市有利于充分发挥国内国际市场优势，提高对外开放水平。

**（三）有利于推动政策创新，对接国际贸易规则**

利用自贸试验区、综合保税区等先行先试政策优势，积极探索跨境电商国际贸易规则标准，提升跨境电商贸易规则话语权，对接国际贸易规则体系，形成创新发展优势。

**（四）有利于电商产业集聚，焕发经济新活力**

推动粤港澳大湾区资源要素集聚，促进产业协同发展，提升跨境电商规模化、网络化、集约化水平，逐步形成跨境电商产业生态圈，推动生产方式、贸易方式、服务方式等方面变革，有利于广州优化营商环境，增强国际商贸中心功能，促使"老城市焕发新活力"，为城市经济发展注入新动能。

## 二、广州建设跨境电商枢纽城市的优势

广州是国家重要的中心城市、综合性门户城市、国际商贸中心、综合交通枢纽，是改革开放的前沿阵地、千年商都，在粤港澳大湾区建设中具有非常重要的地位。拥有世界排名前列的海港、空港和信息港，享誉世界的"广交会"，具有外贸基础雄厚、经济发展水平较高、对外开放水平高、自主创新能力强等特点。跨境电商产业发展迅速，形成了自身特有产业综合优势，积累了丰厚的发展经验。

**（一）综合交通枢纽优势**

处于粤港澳大湾区的中心位置，拥有广阔的经济腹地，现正在建设国际化大都市。广州港是华南地区最大的综合性主枢纽港，连接世界100多个国家和地区的400多个港口，2018年货物吞吐量6.1亿吨，集装箱吞吐量

2192万TEU[①]，均排名全国第四、世界第五位；白云机场是全国第三大航空枢纽，70家国内外航空公司通航，航线网络通达全球近200个通航点。铁路、公路网络四通八达，海陆空立体交通体系完备。目前，广州正着力提升国际信息枢纽能级，大力建设人工智能、5G网络、工业互联网、物联网等新型基础设施，形成国际信息枢纽。国际化的综合交通枢纽功能，使得广州拥有开展跨境电商业务独特的区位优势和交通条件。

### （二）物流中心优势显著

近年来，广州花大气力引导和鼓励现代物流产业发展，建成南沙三期集装箱码头、白云机场2号航站楼，加快推进南沙四期全自动化码头、保税物流仓、冷藏仓等基础设施建设，本地涌现出卓志物流、顺丰、威时沛运等优质物流企业。截至2018年底，广州共有119家A级物流企业，其中5A级14家，位居全国前列。广州依托大港口、大机场、高速铁路、城际轨道、高快速路等形成的立体式大交通网络，成为国际化的物流中心，为发展跨境电商发展奠定了坚实基础。

### （三）产业规模位居前列

广东跨境电商产业规模一直位居全国首位。据统计，2018年广州外贸进出口总值9810亿元，规模位居全国主要城市前列，为跨境电商产业发展提供了重要的前提条件。2014—2017年连续4年广州跨境电商规模总量居全国首位，2018年跨境电商进出口规模246.8亿元，同比增长8.4%，位居全国第二，其中进口198亿元，同比增加30.4%，位居全国第一。

#### 2014—2018年广州跨境电商进出口情况

单位：亿元人民币

| 年份 | 进出口 | | 出口 | | 进口 | |
|------|------|------|------|------|------|------|
| | 金额 | 同比 | 金额 | 同比 | 金额 | 同比 |
| 2014 | 14.6 | — | 12.8 | — | 1.8 | — |

---

① TEU，Twenty foot Equivalent Unit 的缩写，意思是：20英尺长的标准集装箱。

（续上表）

| 年份 | 进出口 | | 出口 | | 进口 | |
|---|---|---|---|---|---|---|
| | 金额 | 同比 | 金额 | 同比 | 金额 | 同比 |
| 2015 | 67.5 | 362.3% | 34.3 | 168.0% | 33.2 | 1744.4% |
| 2016 | 146.8 | 117.5% | 86.5 | 152.2% | 60.3 | 81.6% |
| 2017 | 227.7 | 55.1% | 75.8 | —12.4% | 151.9 | 151.9% |
| 2018 | 246.8 | 8.4% | 48.8 | —35.6% | 198 | 30.4% |

### （四）产业链条比较完备

广州结合自身特点，形成跨境电商多产业模式、多点布局的发展模式，南沙保税港区、白云机场、黄埔状元谷等都发挥自身优势形成产业特色和园区。唯品会全球总部、阿里巴巴华南运营中心、腾讯广州总部等总部企业，国美、小米、YY、科大讯飞等互联网企业入驻琶洲互联网创新集聚区。广州在公共服务平台备案的企业2100多家，其中电商企业1300多家、物流企业500多家、平台企业200多家、支付企业60多家，从业企业数量较多。备案的商品超过230万件，涉及奶粉、服装鞋帽、家电、护肤品、医药品、食品等，涉及欧洲、美国、日本、澳大利亚、加拿大等国家和地区。跨境电商产业链条比较齐备。

### （五）政策创新能力较强

2016年1月，国务院批复同意广州设立跨境电子商务综合试验区，5月广州公布实施方案。广州B2C业务发展很快，形成了直购进口、保税进出口、一般出口和邮/快件进出口的发展格局。拓展海外仓，推动B2B2C模式发展，探索出口集拼、分拨中心等业务。积极优化营商环境，在国际贸易"单一窗口"上线跨境电商业务功能。海关建立了"物流畅顺、通关便捷、监管有效"的跨境电商通关"广州模式"，实现标准化自动化报关、无纸化智能化通关，95%以上的跨境商品通关"秒放"，快速高效。南沙海关创建全球质量溯源体系，通过"智检口岸"实现订单、支付单、物流单、仓储单"四单对碰"。全球质量溯源体系得到国内推广和多个国家相关机构、协会和企业认同，对接高水平国际贸易规则体系。

## 三、广州跨境电商发展存在的问题

### （一）进出口比例不平衡

从统计数据看，广州在跨境电商业务发展之初，进出口规模基本平衡，但从2017年开始，进出口业务规模差距拉大，近年来出口下滑幅度明显，2018年进口额是出口的4倍，远低于全国平均水平（2018年为1：1.4），出口竞争力不强，在南沙等区域出口模式还基本处于起步阶段。而对比东莞，2018年跨境电商出口额达340亿元，超过广州成为全国第一。

### （二）业务模式创新不足

2018年广州跨境电商进口占总额的80.2%，B2B2C业务模式占进口的半壁江山，南沙占广州的8成以上，全国的五分之一，另一半主要为B2C和邮快件进口模式，集中在黄埔和白云机场，业务模式单一。企业多以物流配送为主，产业交易、展览、孵化、金融等业态明显不足，产业链短。运用新技术催生的跨境电商新模式较少，传统企业运用跨境电商的意识不足。

### （三）物流仓储设施不足

无论是空港电商产业园还是南沙保税港区，企业反映跨境电商的仓储设施依然不足，仓储物流成本较高。园区内建成的仓库出租率接近100%，跨境电商对仓库的需求快速增加，现有仓储功能不能满足各类货物差异化需要。适用于生鲜、医药的各类冷藏仓库等更是不能满足需求。

### （四）营商环境有待改善

目前广州本地富有竞争力的有规模的跨境电商龙头企业较少，整合跨境电商资源要素的能力不足，对龙头企业吸引力和稳定的政策优势有待提升。在通关环境上，关检还处于融合状态，两套系统审批问题依然存在。一般贸易项下不合格进口商品的退货、销毁流程难以适用于跨境电商模式。

## 四、建设跨境电商枢纽城市的政策建议

广州要依托国际海港、空港、信息港得天独厚的优势，对标国际贸易中心城市，加快跨境电商枢纽建设，进一步提高产业竞争力，形成产业发展新优势，提升国际大都市门户枢纽功能。

### （一）优化市场营商环境

一是通过支持和打造本土跨境电商企业做大做强，积极引导唯品会等龙头企业通过产业园区带动关联产业发展，形成集聚效应。二是以完善跨境电商公共服务平台为途径，加强职能部门对管理系统的服务对接，增强协同监管服务效能。支持深化全球溯源体系的创新应用，加强推广应用范围，建立全球商品数据库，逐步形成国际领先的贸易规则。三是加快跨境电商监管系统的融合，实现一次申报、统一审核，优化跨境电商退货（包括BBC、BC的进口退货业务）和销毁流程等，提升了跨境电商信息化监管效率。

### （二）积极推动产业集聚

运用广州发展跨境电商的综合优势，结合区域产业集聚现状，进一步科学规划，明确以海港、空港、信息港为枢纽的产业园区，推动跨境电商总部企业、平台物流企业集聚，形成龙头企业带动，上下游产业联动的产业集聚区。在空港电子商务产业园开展以零售、邮/快件为主的业务模式，开展跨境电商展览、策划等业务；在南沙港区开展以网购进口、大批量货物进出为主的业务模式，推动B2B业务发展；在琶洲互联网集聚区集聚总部经济，推动贸易、金融、结算等业务发展。积极培育为传统生产企业开展跨境电商业务服务的企业和孵化园区，形成研发、贸易、展览、培训、策划、金融等跨境电商关联产业，拉长产业链条。

### （三）加强业务模式创新

跨境电商出口是国家政策鼓励的重点方向，市场潜力巨大。广州跨境电商进出口额不平衡，一方面反映广州消费购买力强劲，也反映出口潜力较大。因此政府积极发挥自由贸易试验区、综合保税区等功能优势，在保

持传统业务模式优势的基础上，加大对B2B模式的业务支持。积极探索跨境电商新模式，支持推动大型龙头企业建设跨境电商平台，推动跨境电商与传统零售融合发展，支持企业建立第三方跨境电商平台，培育持有国外支付牌照的本土第三方支付机构，鼓励开展跨境电商出口信用保险保单融资业务。

### （四）开发新兴产业市场

跨境电商产业目前仍然以欧美等发达国家、满足国内消费需要为主，对东南亚、非洲、南美等新兴市场出口重视不足。据统计，南沙港区现有21条非洲航线，是华南地区非洲航线最多的港口，经南沙港区进出到新兴市场的货物呈两位数以上增长。目前新兴市场跨境电商业务比例较小，建议提早谋划布局，支持龙头电商企业、出口企业开展跨境电商业务。除了传统的服装、小家电、箱包等传统货物出口外，二手小汽车已从广州港出口到东南亚、非洲新兴市场，成为全国首单二手车批量出口业务。从南美进口的樱桃等水果业务开始在南沙港区试航，生鲜、冻品、药品等消费市场需求大。

### （五）加大基础设施建设

进一步加快国际航运、航空枢纽基础设施建设，整合物流基础设施资源，提高物流仓储设施信息化管理水平，提升资源利用效能。结合广州物流仓储设施现实情况，加快空港电商国际产业园二期、南沙港区国际物流中心（低温冷库）建设，提升仓储物流的信息化管理水平，解决跨境电商发展的瓶颈问题。

### （六）推动湾区协同发展

建立粤港澳大湾区跨境电商协同发展机制，探索粤港澳湾区内推动口岸监管信息共享、监管互认、执法互助。支持湾区过境货物在广州、香港、澳门有限自由流转，加强广州与港澳在人才、物流、商贸、金融等方面的资源共享。推动大湾区国际优品分拨中心建设，推动跨境电商与其他贸易方式便捷调拨配送。进一步支持粤港跨境货栈，积极探索与港澳机场建设超级干线，建立南沙保税港区与周边机场的快速通道，打造粤港澳合作示范区。

## （七）优化市场营商环境

一是要进一步支持和打造本土跨境电商企业做大做强，积极引导唯品会等龙头企业通过产业园区带动关联产业发展，形成集聚效应。二是完善跨境电商公共服务平台，加强职能部门对管理系统的服务对接，增强协同监管服务效能。支持深化全球溯源体系的创新应用，加强推广应用范围，建立全球商品数据库，逐步形成国际领先的贸易规则。三是加快跨境电商监管系统的融合，实现一次申报、统一审核，优化跨境电商退货（包括BBC、BC的进口退货业务）和销毁流程等，提升跨境电商信息化监管效率。

（冯洪德）

# 优化营商环境
# 促进汽车类跨境电商业务发展

    跨境电商是一个新兴的零售产业，与移动互联网的高速发展息息相关，而汽车类跨境电商业务，更是一个推进汽车产业全面发展的朝阳产业。本文尝试从汽车跨境电商业务的现状入手，分析当前汽车类电商发展薄弱的环境性原因，抓住机遇制定发展汽车跨境电商的政策建议，打造粤港澳汽车跨境电商线上线下的零售体系，实现跨越式发展。

## 一、汽车跨境电商的现状

### （一）跨境电商的定义及现状

    跨境电商与外贸电商类似，是指分属不同关境的交易主体，通过电子商务的手段将传统进出口贸易中的各环节电子化，并通过跨境物流送达商品、完成交易的一种国际商业活动。

    目前可将跨境电商分为B2B、B2C、C2C三种业务模式。由于海外电商业务发展迟滞及国外消费者消费习惯，暂无出口跨境电商业务。

    目前中国跨境电商规模已超过8万亿元人民币，预计到2020年将达到12万亿。伴随业务规模的不断扩大，跨境电商各方面均呈现出新的特点：一是跨境电商运营走上品牌化发展道路，品牌化成为未来企业竞争力的核心；二是跨境电商产品品类和销售市场更加多元化，向多类延伸，向汽车等大型产品扩展；三是B2B仍然在长期内成为主流模式，但B2C模式会有所发展。与此同时，移动端成为交易渠道的重要推动力。在新兴市场，如俄罗斯、非洲等，用户可直接进入移动跨境电商市场，这是未来移动跨境电商发展的巨大增量市场。

### （二）汽车类跨境电商业务现状

从2009年开始，电商企业和部分车企开始进军汽车电商领域，主要有以下几种类型：平行进口整车销售平台：以获取线索为主，成交集中在线下；电商平台B2C销售：以订金方式交易，成交在线下完成，目前业务规模不大；自建电商等：以宣传为主，收集线索，成交集中在线下。但目前，汽车类跨境电商目前尚处于起步阶段，规模远低于其他电商规模，大部分区域的汽车类跨境电商发展非常滞后。跨境电商业务出现的发展机遇，对于汽车跨境电商来说，是一个巨大的推动。一些利好政策将大大促进汽车跨境电商业务的发展，汽车进口需求将持续优化。

### （三）汽车类跨境电商的营商环境问题

汽车是一个复杂的大宗消费商品，其本身交易就比较复杂。进口汽车业务流程更加复杂。目前汽车类跨境电商在营商环境方面，主要有如下问题：一是汽车进口准入条件高、经营难度大。中国最严苛的环保法规实施后，目前大部分全球品牌进口车，不能满足要求，无法导入。国六环保法规的实施，将导致中国平行进口车市场迎来洗牌，缺少技术实力的、规模较小的平行进口车商将被淘汰。二是关税仍然较高，进口车价格过高，影响进口车销售。三是跨境电商的业务开展主体是各类企业，部分汽车企业，对于跨境电商的认识还不足，重视度不足，需要政策层面进行引导和扶持。

## 二、汽车跨境电商发展建议

### （一）让更多的进口车走进来

为了让更多，更好的进口车进入中国市场，满足客户消费升级需求，建议利用广东省汽车产业和港口贸易优势，创新口岸通关管理模式。通过广东省生态环境厅协调支持，与大湾区重点汽车企业合作，鼓励和支持车企开展平行进口车国六3C及环保认证工作，给予认证政策以及费用支持，快速应对进口门槛，满足国家法规要求，降低进口环节合规成本。让更多平行进口汽车走进来，实现广东平行进口车产业弯道超车。

### （二）让客户购买进口车更加安心

利用跨境电商的优势，制定扶持和鼓励政策，吸引汽车企业进入跨境电商领域，由南沙港、市场管理部门、进口商和汽车生产厂家联合打造"安心南沙平行进口车品牌"，对货源、进口商、仓储、物流、零售网点、三包等方面进行标准制定和规范管理，打造南沙平行进口车金字招牌，让客户买得安心。

### （三）让客户购买进口车更加便捷

借鉴和利用其他行业电商平台经验（如天猫国际），由南沙自贸区牵头，联合主机厂和进口商，建立"广东省跨境汽车电商进出口平台"，通过平台打造，形成从产品展示、进口、交易、售后的完整汽车贸易产业链，将企业、平台、消费者有机连接起来，让客户购买更加便捷。

通过以上建议的落地，打造完善的南沙平行进口车跨境电商体系，满足客户需求，拉动消费。汽车跨境电商业务虽然处在一个起步阶段，但基于跨境电商业务广阔的前景，以及移动互联网的发展、汽车关税的降低、传统汽车企业的转型等，都为汽车类跨境电商的发展带来巨大商机。希望政府和主要车企能抓住机遇，推进汽车零售业务二次转型，依托"一带一路"和大湾区发展规划，打造粤港澳汽车跨境电商线上线下的零售体系。

（陈小沐）

# 大力推行基础设施建设
# 打造大湾区区域发展核心引擎

2019年12月，中央经济工作会议提出，要引导资金投向供需共同受益、具有乘数效应的先进制造、民生建设、基础设施短板领域。《粤港澳大湾区发展规划纲要》提出要"加快基础设施互联互通"，对广州市城市基础设施建设提出了新任务、新要求。但受经济下行压力加大的影响，广州市城市基础设施日益增加的投资需求与建设资金不足之间的矛盾逐渐凸显，已成为城市建设发展的新瓶颈。

## 一、加大城市基础设施建设投资的现实意义

加大城市基础设施建设投资是广州着力建设国际大都市，打造粤港澳大湾区区域发展核心引擎的需要，是确保GDP增长速度的基础，是改善城市环境质量和民生福祉的需要。

### （一）加大城市基础设施建设投资是推进粤港澳大湾区建设的需要

为落实《粤港澳大湾区发展规划纲要》，《广东省推进粤港澳大湾区建设三年行动计划（2018—2020年）》制定了科学翔实的建设清单和行动计划。在大湾区建设布局中，广州要着力建设国际大都市，打造粤港澳大湾区区域发展核心引擎。按此要求，2019年广州市重点项目建设年度投资约4460亿元，今后几年内，年度投资预计每年接续超过4000亿元，投资规模巨大。

### （二）加大城市基础设施建设投资是稳定城市经济增长的需要

今年前三季度，广州GDP增长6.9%，比去年同期（6.3%）高0.6个百

分点，高于预期目标（6%～6.5%），GDP增速相对较快，经济规模稳步扩大，产业结构持续向好。其中，基础设施投资继续较快增长27.6%，在促进经济增长方面发挥着关键作用，为确保GDP增长速度奠定了基础。基础设施投资带动经济增长，经济增长反过来增加了财政收入，为基础设施提供资金保障。两者相互促进，形成良性循环。

### （三）加大城市基础设施建设投资是改善城市环境质量和民生福祉的需要

为改善城市环境质量和民生福祉，我市近年来持续投入和加快推进黑臭河涌治理、违建拆除、大气污染防治、城市更新改造、垃圾处理等工作。至2019年12月，我市空气质量达标天数比例达到85%以上，147条黑臭河涌已初见成效，拆除违法建设4000万平方米以上，基本按计划推进250多个城市更新项目。我市现已基本呈现出天更蓝、地更绿、水更清、城更美，广大市民的幸福感、获得感得到了有效提升。

## 二、广州市城市基础设施建设投融资面临的问题

城市基础设施建设投资就投资模式，包括政府投资、企业投资、政府和企业合作投资（主要为PPP、TOD[①]模式）。广州城市基础设施建设投资正逐步从单一模式、单一渠道，逐步向以政府投资、财政出资为主，国企投资、多元化融资渠道为辅，政府和企业合作投资作为有效补充的方向转变，为广州市的城市建设发展提供了有力的资金支持。2019年广州市政府投资项目的年度投资计划超过700亿元，市本级财政资金安排约370亿元。这表明，一方面市本级财政出资规模较大，市本级财政压力较大；另一方面，除财政资金外，剩余的资金（约330亿元）需市属国企出资解决，企业融资压力也较大。企业投资主要包括经营性项目，包括航空、航运、高速公路、能源、交通综合体项目等，2019年度投资计划超过700亿

① TOD, Transit-oriented Devel opment，指公共交通导向型开发，以公共交通枢纽和车站为核心，同时倡导高效、混合的土地利用。

元。政府和企业合作投资包括城市市政道路、地下空间、综合管廊、综合交通枢纽、综合开发、有轨电车等19个项目，项目总投资约600亿元。当前，广州市城市基础设施建设投融资面临的主要问题包括：财政压力加大，资金缺口突出；财政依赖偏重，国企作用弱化；风险防控加强，政策瓶颈突出；PPP模式管控趋严，新增项目难度加大等方面。

### （一）财政压力加大，资金缺口突出

受各种因素影响，我市今年市区两级财政压力持续加大，部分财政出资项目，存在较大资金缺口，如市政路桥项目和地下空间项目，因资金缺口产生了工程款支付难的情况。其中，2019年市政路桥项目投资计划需财政资金约140亿元，因财政压力较大，实际安排资金不足，现存在缺口资金超过30亿元。

### （二）财政依赖偏重，国企作用弱化

自国务院国发〔2014〕43号文出台后，地方政府举债渠道和举债规模受到严格控制。公益性项目只能通过财政资金、发行地方政府债券解决建设资金问题。2012年市属国企出融资平台后，部分非经营性项目以市、区财政投资为主，国企在城市基础设施建设投资作用未得到充分发挥。

### （三）风险防控加强，政策瓶颈突出

为有效防控地方政府债务和隐性债务风险，我市严格执行政府债务限额和预算管理，国企直接融资规模受到前所未有的限制，原则上不得新增政府债务或隐性债务。国企参与非经营性项目建设投资存在政策瓶颈。一方面项目存在资金短缺，需要加大投资，另一方面国企虽有投资意愿，但受政策瓶颈无法进行投资，国企与项目建设之间的资金通道尚需打通，政府债务风险防控成为国企加大投资的卡脖子问题。

### （四）PPP模式管控趋严，新增项目难度加大

自2018年以来，国家、省市进一步加强和规范PPP项目管理，PPP项目审批更加严格。同时，本级政府所属的控股企业不得参与本级政府的PPP项目，因此如采用PPP模式建设，只能由区级政府部门作为PPP项目实施主体。而区级政府受财政收入所限，基本没有意愿也没有实力去承担本应由市级部门承担的PPP项目。今后，PPP模式新增项目审批更加严格，

PPP模式新增项目急剧减少。

## 三、创新模式引导国企资金加大城市基础设施建设投资的建议

城市基础设施建设投资具有投资收益低、期限长、额度大等特点，相对于民营资本，国企资金更有优势投入城市基础设施建设领域。因此，要解决城市基础设施建设投资问题，就要发挥国企主力军作用，创新模式引导国企资金加大投资。

### （一）整合资源形成市场化项目，推动项目落地生效

一是把城市基础设施项目打造成市场化项目。通过整合资源，制定资源配置方案，通过土地配建、配置经营性资产、出租经营权等方式，确保项目实现总体资金平衡。鼓励有意愿的专业化国企，发挥其资源优势和主力军作用，通过市场化运作（包括公开招投标、公开招租、公开土地招拍挂）方式，推动项目依法依规落地到市属国企名下，从而避免形成政府债务或隐性债务。二是鼓励多个国企共同参与，多点发力、共同推进。按前述模式，在项目建设期间，企业需要提供项目本身建设成本的3~4倍的资金，才可以保障项目全过程建设需要，这就给单个企业带来较大资金压力。因此，需要鼓励多个国企参与，共同为城市基础设施建设贡献力量。

### （二）借力城市更新政策，带动城市基础设施建设

对于符合城市更新改造政策的功能片区、重点平台或区域性开发项目，建议充分发挥城市更新改造政策的特点，同步开展土地整理、拆迁安置、公共配套建设及融资地块开发建设，从而加快城市基础设施建设。鼓励国企按市场化方式，积极参与并推动区域内基础设施建设，解决项目资金需求，加快建设进度，提升建设效能，确保工程质量标准和规划功能实现。

### （三）探索产城融合，形成区域开发

对于区域性开发或重点平台类项目，不符合城市更新改造政策的，可按照产城融合发展模式，鼓励单个或多个市属国企，按照高标准规划功能

定位，通过产业与城市功能融合、空间整合，"以产促城，以城兴产，产城融合"，同步推进产业集聚、新城开发、城市基础设施建设。

### （四）拓宽融资渠道，引入保险资金

鼓励企业一步发挥、盘活存量国有资本、资产，拓宽融资渠道，筹措项目建设资金，尽量降低融资成本和控制债务风险。发挥保险资金规模大、来源可靠、期限长和意愿强烈的特点，切实满足基础设施项目建设资金需求量大、投资期限长的要求，通过政策引导，降低门槛，优化流程，鼓励国企积极引入保险资金，加快城市建设步伐。

### （五）完善体制机制，加强规范指导

广州市先后印发了城建投融资体制改革、政府和社会资本合作投资管理办法、优化城市道路项目组织实施方式创新投融资体制机制的文件，但受国家宏观调控政策优化调整和机构改革的影响，上述文件和由此形成的体制机制，在执行过程中，经常遇到协调难和机制不畅通的现象，导致投融资体制创新一直未有实质性突破。建议进一步建立健全相应体制机制，规范、指导并协调城市基础设施建设投融资创新工作，及时解决过程中的相关问题。

（严志刚）

# 粤港澳大湾区框架下跨境贸易法律规则衔接

目前，粤港澳大湾区在过去珠三角发展基础上，在市场协同和公共基础设施等方面已有较充分的合作，这就使得各方对于这个区域作为城市群的规划建设，呈现两极的态度：第一，强调这一规划提出时的政治规划，也就是坚持与发展"一国两制"，以粤港澳发展深化、强化和巩固行政特区和内地之间的认同，最终巩固国家统一认同。第二，鉴于过去这一区域既有的建设基础，要求尽快进入细化的实际操作环节，促进法律规则和制度的衔接，为区域融合发展提供法治保障。本文以广州的实际入手，探索与港澳法律规则的衔接，有利于广州借鉴港澳地区开放的法律制度，促进区域协作发展，补短板、强优势，进一步推动广州经济高质量发展。

## 一、粤港澳大湾区法律规制衔接的制度基础

粤港澳法律衔接有着扎实的制度基础。宪法、港澳基本法、粤澳合作框架协议、WTO 协议、CEPA规则以及特别行政区基本法为核心的宪法性法律文件奠定了衔接的法律基础。港澳相继回归后，三地间演变为一国内部地方政府之间的关系，其合作更多的属于国内法调整的对象。同时，进一步推进粤港澳紧密合作也符合 WTO 协议规则，是 CEPA协议的延伸和落实，有着广阔的法律发展空间。WTO 框架为进一步推进粤港澳紧密合作提供了一个"体制接近，规则统一"的制度性基础。而 CEPA 及其补充协议的关键之处是从法律上保障了港澳和内地保持更加顺畅的经济联系，从合作模式、合作机制、合作内容等方面入手，提高了法律法规透明

度领域的合作。除此之外,《中国(广东)自由贸易试验区总体方案》指出自贸区的战略定位为"依托港澳、服务内地、面向世界,将自贸试验区建设成为粤港澳深度合作示范区、21世纪海上丝绸之路重要枢纽和全国新一轮改革开放先行地。"《国务院关于印发进一步深化中国(广东)自由贸易试验区改革开放方案的通知》指出:到2020年,率先对标国际投资和贸易通行规则,建立与国际航运枢纽、国际贸易中心和金融业对外开放试验示范窗口相适应的制度体系,打造开放型经济新体制先行区、高水平对外开放门户枢纽和粤港澳大湾区合作示范区。同样,《十三五纲要》提出的要推进粤港澳台合作,也为粤港澳法律规则衔接提供指南和方向。

## 二、当前形势下粤港澳法律规则衔接的障碍分析

粤港澳体制和机制上存在合作障碍。这种障碍既有因法律要素本身所引起的,也有其他因素共同作用所导致的,分析并解决法律衔接过程中所可能面临的障碍,有利于今后衔接过程的顺利进行。

### (一)根本制度的差异

港澳回归后,在"一国两制"的政策下,香港、澳门属于我国的特别行政区,实行的是资本主义制度。而广州则是我国一个副省级行政区域,实行的是社会主义制度。从宪法和香港、澳门基本法中的规定来看,特别行政区是与省地位平等的地方行政区域,但是,香港、澳门享有高度自治权,这是广州不具有的。因此初期广州市只能在其有限的权限内实行法律规则的衔接,多集中在经济文化领域。为了在更深层次领域内实施衔接,广州需要积极寻求上级部门的支持,赋予广州更多自主权和改革空间,在一定的时间内逐步推进各项规则制度的衔接。

### (二)法律制度的差异

1. 立法差异

一是立法机制的差异。内地与港澳之间区际法律冲突的存在,很大程度来源于虽然存在一个中央机关,但这个中央机关所制定的绝大部分法律都只能适用于内地,而内地与香港和澳门则属于平行的法域。这是由

《中华人民共和国宪法》与《中英联合声明》《中葡联合声明》《香港基本法》《澳门基本法》所确立的，香港和澳门特别行政区高度自治，除了在外交和国防事务等方面由中央政府直接管理外，其拥有独立的行政管理权、立法权、司法权和终审权。因此三地之间在立法事务上彼此独立，互不影响，所以广州在有关立法进程上难以同时与港澳相协调。二是立法理念的差异。由于没有可以凌驾于这三个法域之上的中央机关进行协调，在立法技术和立法内容的选择上，三地难以保持一致。要保持立法事务上的相对协调，只能争取通过广州市人大同香港、澳门的立法会沟通，保持信息畅通，及时了解立法动态，同时在重要问题上互相学习立法经验，在矛盾冲突的问题上及时反馈、修改，以保持相对协调。

2. 执法差异

基于三地在行政管理权和司法权相互独立的特点，在跨区域的执法过程中会面临由于法律标准不一致所带来的效率不足的障碍。例如在知识产权的专利权审查的异议程序中，内地专利法规定，在公告授予专利权之后，任何人均有权申请宣告权利无效，属于事后的监督；而香港的专利法规定，在香港注册的专利权在授予前有一个异议程序，属于事前审查。还有在权利有效期方面，内地专利法规定发明专利有效期为20年，实用新型和外观设计专利有效期为10年，都是一次性期限，不能延展。香港外观设计保护期为25年，须每5年续期一次。澳门规定专利有效期为15年，届满后变为公知公用，实用新型与外观设计保护期为5年，可以无限延展。在诸如此类诸多法律规定不一致的地方，执法过程选择适用的法律规则极其重要，广州市要与港澳衔接，但也只能选择一种模式，且衔接过程未必是完全的法律移植。以往的执法合作多集中在在打击犯罪上，如何在粤港澳深度法律衔接过程中做好执法层面的协调与配合，呼唤着三地政府间更积极的合作与探索。

3. 司法差异

由于三地司法权的相互独立，因此多年来，内地与港澳间多是通过司法协助的方式进行工作和交流。在文书的送达上，有《最高人民法院关于内地与香港特别行政区法院相互委托送达民商事司法文书的安排》《最

现代化国际化营商环境出新出彩

第二篇 分论

高人民法院关于内地与澳门特别行政区法院就民商事案件相互委托送达司法文书和调查取证的安排》和《最高人民法院关于涉港澳民商事案件司法文书送达问题若干规定》；在判决的认可与执行上，有《最高人民法院关于内地与香港特别行政区法院相互认可和执行当事人协议管辖的民商事案件判决的安排》和《最高人民法院关于内地与澳门特别行政区关于相互认可和执行民商事判决的安排》；在仲裁裁决的认可与执行上，有《内地与香港特别行政区相互执行仲裁裁决的安排》和《关于内地与澳门特别行政区相互认可和执行仲裁裁决的安排》。上述规定很好地解决了大部分涉及三地间的司法问题。但随着三地联系越来越紧密，简化流程、提高运作效率成为关键，同时在广州市的范围内实施衔接，也可能对广东省高院、其他省市法院或最高人民法院的工作带来一定的挑战和不确定性。在此过程中，广州市的法院能否直接同香港、澳门地区法院进行沟通协作也同样值得研究。

### （三）经济发展一体化水平的差异

相对区域经济一体化水平而言，粤港澳三地合作仍存在自发性、低层次、小规模、窄领域等特点，粤港澳三地合作有量的增长，但没有质的飞跃。而经济一体化要求实现货物、服务的自由流动，不同成员之间取消关税，对外实行统一关税，资金、技术、人才等生产要素在区内自由流动，区域内部经济政策相互协调。CEPA的实施是实现粤港澳经济一体化的重要前提，但它还处于初级阶段，是一种浅层次的合作模式，不能为粤港澳经济一体化提供一个合适而宽广的平台。只有进一步深化粤港澳合作，推动三地以现代服务业为重点的合作，实现人才、资金、技术等生产要素自由流动，建立政策平台和协调机制，促进粤港澳合作向深度、广度发展。另一方面，粤港澳三地的经济文化交往活动，也迫切需要有统一的法律规则进行引领和规范，尽快实现粤港澳法律规则的有效衔接成为当务之急。

## 三、营造跨境贸易的营商法律环境一元化

### （一）打造"一"个平台

围绕粤港澳法律服务优势，争取国家支持，推动与港澳建立大湾区政府法律事务合作平台，共同成立法律问题协调与合作小组。小组工作职责定位为：统一协调具体合作项目中遇到涉及三地的法律事务问题；在各方面法律、法规许可的情况下，就三地政府和相关部门制定关于涉及合作事项的法律文件交换讯息；对有关人士和团体就合作协议提出的疑问和意见，作出研究方向及向对方提供相关意见；就有关进一步加强粤港澳合作事项所需作出的立法建议和专题研究，保持沟通及交换相关资料，做好相关政策储备和政策评估；就遇到的执法和司法难题，联系相关方面，进行会商协调。

### （二）推进"两"项转变

一方面，加大"引进来"力度，提升构建粤港澳法律规则衔接机制的内生动力。一是借鉴港澳吸引国际高端人才的经验和做法，实施更积极、开放、有效的人才引进政策。全力支持港澳青年来穗交流、学习、就业、创业、生活，促进青年融入粤港澳大湾区建设、增进对国家的认同。二是推进港澳和广州职业资格互认。鼓励符合条件的港澳青年申请各类国家职业资格，推动港澳专业人才在广州便利执业。三是落实港澳青年来广州创新创业享受税收优惠政策。可以按照内地与香港个人所得税税负差额，对在广州工作的港澳高端人才和紧缺人才给予补贴。另一方面，扩大"走出去"步伐，增强构建粤港澳法律规则衔接机制的外在张力。一是可以制定中长期交流培训规划，建立有效的交流培训机制，在资源许可下加大互派人员业务交流和培训的力度；二是扩大培训交流渠道，进一步完善以高校为依托的培训模式，积极开展专题法律事务研讨交流活动。三是采取座谈会、专家论坛、专题研讨、交流培训等方式，加强对深化粤港澳紧密合作过程中的法律问题的研究。

## （三）建构"三"种机制

一是建构政策协调工作机制。在大湾区政府法律事务合作平台基础上，完善提升穗港、穗澳对接沟通机制，建立多渠道、多层面的法律咨询交流制度，就现行法律、立法动态互相通报，统筹研究法律规则衔接相关问题。广州方面可全程专人跟进，及时会同三地政府相关部门研究办理，涉及中央和省事权的，第一时间向中央湾区办和省湾区办请示汇报。二是建构信息工作机制。定期收集中央领导小组及其办公室下发至省的涉及粤港澳大湾区建设有关文件及相关批示指示，研究提炼相关政策建议，推动先进经验做法在广州落地实施，促进相关政策创新。三是建构专项工作机制。积极对接省大湾区办，就三地合作有关的法律问题所搜集的社会意见进行沟通汇报，并作出必要的调研和跟进，主动做好推进落实工作，为构建"一核一带一区"区域发展新格局提供有力支撑。

## （四）开展"四"大行动

一是大力实施区域开放合作行动。深度融入"一带一路"建设，促进与港澳地区在智能制造方面的深度合作，扩大开放协作水平，深入学习港澳地区先进经验，推动与港澳合作项目落地。二是积极开展区域试点行动。充分利用自身优势，大胆创新，积极借鉴和移植香港澳门的先进方面，实现粤港澳法律规则衔接。三是充分推广区域试点成果行动。目前广州市在国家层面上开展跨境电子商务综合试验区、服务贸易创新发展试点、大众创业万众创新示范基地、知识产权运用和保护综合改革试验、国家创建社会信用体系建设示范城市、南沙自贸试验区建设等工作。因而，广州可以在上述领域开拓创新、及时总结经验，复制推广先进经验和做法，做到符合国际惯例和准则，与港澳相衔接。对于超出自身权限的衔接规则要及时向上级反映，争取获得突破。四是全面开展清理行动。全面清理违反粤港澳合作精神的，与区域合作不协调的本地法规规章和规范性文件。重点防止违法设定市场准入、行业垄断、地区封锁，以及增加企业法外义务、侵犯企业合法权益等行为，从源头上防止"规制扰企"现象的发生。

作为"一国两制"背景下粤港澳大湾区的第一块法治试验田，广州应勇于迎接挑战，面对世界级新问题，用创新之路重启辉煌，通过现有的国家体制，结合大湾区发展规划，坚持"一国两制"的基本原则不动摇，摆清各自地位，充分发挥中央统一指导的优势，通过三地的协调统一，让规则协同成为大湾区法治之路的护航者与推动者。

（赵福红）

# 优化政务服务环境
# 建立政务大数据征信平台

中小企业是经济高质量发展和创新的动力源，但其融资现状依然堪忧，造成中小企业融资困境的原因是融资渠道的单一、融资成本高企，其根本原因是金融机构和中小企业之间信息的不对称。本文提出在广州市政府建立政务大数据征信平台后，初步构建了征信公司的组织架构、业务模式、技术体系和风控对策。这种良好的营商环境对解决中小企业融资难、融资贵问题有重要意义。最后，本文就企业信用平台基础上开展信用评级、融资创新和营商环境优化提出进一步建议。

## 一、广州市中小企业融资现状

2018年10月，习近平总书记在考察广州时强调："中小企业能办大事，创新创造创业离不开中小企业"。广州要推动老城市新活力以及粤港澳大湾区建设，都离不开中小企业这一重要力量。

目前，广州市注册的中小企业超过130万家，科技创新企业超过20万家，2018年广州地区备案入库的国家科技型中小企业已达8377家，居全国城市第一。根据十三届市政协1018号提案，我市2000多家受访的民营企业中，28%的民营企业反映融资渠道单一，29%的民营企业认为银行贷款抵押要求过高，30%的民营企业认为银行贷款利率过高，很多中小企业由于银行"惜贷"，甚至需要付出30%～40%的利息进行民间借贷，33%的民营企业认为银行贷款手续繁琐，69%的民营企业要通过抵押不动产（房产、物业等）进行贷款。以上数据说明我市中小企业融资难、融资贵问题仍未得到充分解决，其关键在于未能解决融资过程中的信息不对称问题。

## 二、中小企业融资困境分析

### （一）资产和经营状况难以满足商业银行传统信贷要求

商业银行作为中小企业主要资金来源，根据相关统计数据显示，截至2018年末，全国全口径中小企业贷款余额33.49万亿元，占各项贷款余额的23.81%，这一比例与中小企业的体量规模还存在一定差距。一方面，由于许多中小企业的历史经营数据缺失，财务管理并不规范，信用记录不健全，经营和信用信息无法得到真实有效反映，商业银行难以对其信用风险进行准确评估。这也导致了商业银行很少向中小企业提供长期性融资，使得企业为了满足长期资金周转的需要，不得不采取短期贷款多次周转的办法，从而增加了企业的融资成本。另一方面，正因为我国中小企业普遍管理不成熟、不规范、不透明，抗风险能力较弱，平均寿命较短（2~3年），贷款违约概率较高。有些中小企业不重视信用问题，甚至出现恶意"逃废债"，局部地区出现整个行业性的中小企业信用状况恶化的问题。在没有信用评级体系的环境下，好企业可能因为不好的信用环境而支付高额融资成本。不合理的市场环境和市场秩序推高了信用定价。

为了对抗信息不对称问题，减少信贷风险，商业银行通常要求中小企业提供抵押担保。但是，大多数中小企业属于轻资产经营，往往没有厂房、土地等固定资产，缺乏银行认可的有效抵押品。即使一些科技型中小企业有知识产权等无形资产，由于估值和处置困难，也难以作为质押担保。此时，部分中小企业会选择依靠额外担保从商业银行获得融资。而担保市场良莠不齐，一些担保企业资质差，还会采取各种非法手段谋取不正当利益，不但没有发挥担保作用，反而延长了企业融资链条，增加了融资成本，恶化了信用环境。

即使商业银行对中小企业发放贷款，由于信息不完整，商业银行难以掌握企业的真实经营情况，贷后管理难度较大。面对庞大而又复杂的中小企业客户群，商业银行监督和检查仅靠贷后管理人员用传统技术进行操作检查是远远不够的。部分企业为了稳定地获取贷款，会选择隐瞒实际经营状况中出现的问题，编制不实财务报表的情况时有发生。在经济下行时期，企业诚信意识降低，信贷违约风险走高。然而商业银行的信贷管理系统的模块和功能设置仍较为单一，数据仓库中缺乏完整的信息数据，贷后管理工作得不到有效支持。

### （二）中小企业融资渠道狭窄，融资结构不合理

商业银行在我国中小企业中长期占据融资渠道主导地位，而股权融资、融资租赁等非银融资渠道，无论在操作便利程度、宣传力度、品牌影响力、社会公众接受度等方面都难以与之竞争，造成中小企业融资集中来自银行的间接融资，只有少数的融资来源于直接融资。而且我国对中小企业上市融资的条件很高，一般的中小企业很难达到上市的标准，而中小企业自有资金的缺乏，也制约了中小企业的发展。

### （三）类金融机构推高中小企业融资成本

首先，受行业监管、资本金实力、资金成本和杠杆率等限制，小额贷款、融资租赁、担保等类金融机构支持中小企业的能力有限，甚至部分传统金融机构和类金融机构之间存在排挤关系而不是相互补充关系。例如，一些银行认为中小企业如果在类金融机构发生过借贷的情况，就认定该企业不符合该银行的放贷标准，导致中小企业陷入"两难"境地。其次，由于类金融机构的服务对象一般是银行机构筛选过后的客户，担保条件更差、风险更高，根据风险与收益匹配的原则，类金融机构对中小企业客户收取更高的利率。

## 三、建立政务大数据征信平台，解决中小企业融资难题问题

### （一）征信在市场经济中的作用

人民银行征信系统是我国重要的金融基础设施，在金融风险防控中发挥了巨大作用。但是人民银行征信系统对中小企业信用信息的覆盖度较低。随着经济发展，企业信用交易越来越频繁，征信机构多元化、信息维度多样化、信用监测在线化，使得大量沉淀在政府各部门的政务数据打

通、挖掘、清洗、利用成为必要和可能。

1. 政务大数据征信平台是解决中小企业融资难、融资贵问题的基础设施

利用大数据、机器学习、量化模型等技术，采集企业真实的经营轨迹数据，用科学方法刻画更加准确的企业画像，让金融机构减少对财务报表和抵押物的依赖，从多维度准确、客观、全面地了解企业信息，从而降低中小企业融资的门槛和价格。

2. 征信帮助政府建立以"信用+监管"为核心的新型市场监管体系

一是可以建立完善企业信息库，动态跟踪库内企业经营情况，筛选符合地方产业支持政策、优惠条件的企业，引导创投基金投资，给予信贷和税收优惠，财政补贴等，以多种形式定向精准扶持；二是可以通过持续的数据监控，掌握企业获得扶持后的发展状况，建立有效的风险预警、舆情监控及约束机制；三是将企业信用评分应用到项目审批、项目招投标等工作中，让守信者受益、失信者受限，从而形成科学高效的奖惩机制，营造诚实、自律、守信的市场秩序。

3. 征信是金融机构业务协同，提升金融服务实体能力的重要保障

征信可以为信贷类机构提供信用评分、信用报告、贷后监测等一系列征信服务，提高业务单位的风控水平，延伸客户范围，扩大业务规模；对权益类投资机构，企业征信公司也可以提供企业关系图谱、成长数据等，刻画更真实、准确的企业画像，在投后管理上也可引入数据监测等工具，及时预警风险，提升投资效率和效果。通过征信公司与金融机构之间的业务联动协同，使银行、证券、信托、基金、担保、小贷、典当等机构的业务有机串联，为企业提供全生命周期和全金融链条的服务。

### （二）广州政务大数据征信平台

实践来看，苏州、武汉等城市都成立了地方性的企业征信公司，在协同政府资源、发挥征信对地区经济支持作用上显示出良好的示范效应。截至2018年，苏州征信已累计推荐了超过8000家中小微企业，解决了超过6000亿元融资，其中新增首贷企业2000余户，首贷金额约116亿元。广州应加快政务大数据平台启动，推进市场化运作。

1. 组织架构

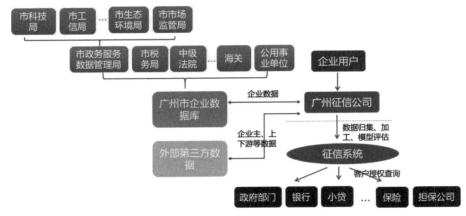

图1 业务架构图

　　成立市级层面的政务大数据征信公司，协调各职能管理部门采取委托管理或数据对接等方式，汇集和打通行业监管企业数据信息，建立中小企业信用信息全量数据库。同时，征信公司从外部第三方补充采集企业主、实控人信用信息，构建涵盖企业、债项、企业主、场景四方维度立体化企业征信模型，根据不同业务需求，向客户提供不同层次、不同场景的征信服务。

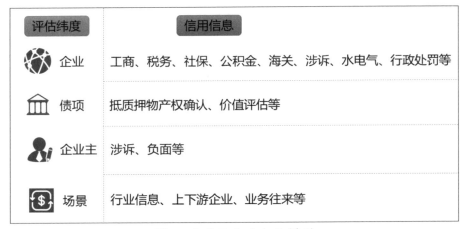

图2 立体化企业征信模型

2. 产品服务

根据征信系统及服务体系建设过程，将征信公司的商业模式分四层次规划：

第一层次：满足政府公共服务的需求

服务客户：广州市政府的相关部门，包括市科技局、市工信局等中小企业对口管理、服务部门。

服务及产品：为市政府相关部门建设科技型中小企业信息库、企业信息库（白名单），并围绕信息库开发政府部门日常管理所需功能，例如企业查询、批量筛选、特定企业指标跟踪、特定行业运行情况监控、地区经济指数发布等。

第二层次：满足金融机构征信需求

服务客户：持牌金融机构及类金融机构，包括银行、信托、证券、保险、小贷、担保、租赁、商业保理等公司。

服务及产品：在金融机构获得用户查询授权后，向其提供相应的企业信用信息查询，经典模型下的中小企业信用评分、评级服务。

第三层次：提供精准个性化金融服务

服务客户：持牌金融机构及类金融机构，包括银行、信托、证券、保险、小贷、担保、租赁、商业保理等公司。

服务及产品：一是精准营销，具体为利用大数据对库内企业进行深度分析，并匹配不同金融机构的风险偏好、产品特点等，向库内企业精准推送投融资信息，帮助金融机构高效获客。二是定制化征信服务，包括对特定行业或结合业务场景构建个性化评估模型，进行指标动态监控与预警等。

第四层次：全方位信用数据服务

服务客户：一般企业和个人。

服务及产品：企业公开信用信息查询及法律允许的特定信息查询。

3. 系统及技术架构

整体技术架构自下往上构建，分别是数据仓库、数据模型及大数据分析层、服务层、应用层和数据安全五个模块。首先由数据操作层负责抓取数据，经过数据整合和加工后形成基础数据和业务数据两类型数据仓库，再经过数据建模和大数据分析提供到上层各类服务。

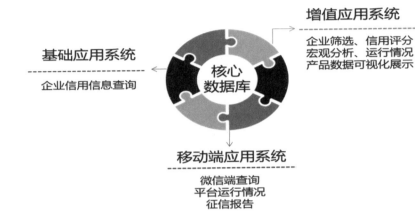

图3　系统架构

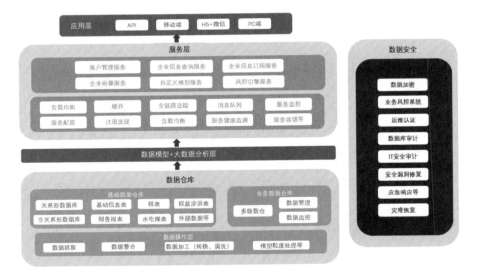

图4　技术架构

4. 风险分析

数据安全性相关风险。数据安全性相关风险是指数据遭到破坏或者泄露，或者受到不合法的访问和使用的风险。对策：一是严格按照人民银行的规定以及《征信业管理条例》等相关法律法规的要求，建立健全和严格执行保障信息安全的规章制度，并采取有效技术措施保障信息安全。二是定期聘请合格的第三方评测机构对公司信用信息系统安全等级开展测评工作，并根据测评结果完善信息安全建设。三是严格按照信用信息使用授权查询的原则开展业务，确保业务的合法合规性。

技术先进性相关风险。技术先进性相关风险是指因中小企业征信技术与传统的企业评级方法并不完全相同，从而造成不能对技术的市场适应性和先进性进行预测的风险。对策：一是充分应用大数据、人工智能等新技术建立适应新的社会经济特征和中小企业特点的征信技术，例如挖掘一些传统技术手段无法触及的企业间的隐形关系。二是引入征信行业专业人才自主研发，同时做好产学研安排，组织、利用好外部专业机构、高校等智库资源，保持征信技术的先进性。

政策法律风险。政策法律风险是指政府有关征信业务的政策发生重大变化或是有重要的举措、法规出台引起的风险。对策：严格按照《征信业管理条例》《征信机构管理办法》《企业征信机构备案管理办法》等法律法规，完成向当地人民银行省会（首府）城市中心支行以上分支机构办理企业征信机构备案工作。

# 四、关于建立政务大数据征信平台进一步建议

以建立政务大数据征信平台为突破口，破解信息不对称产生的风险控制难题

当前中小企业融资难、融资贵问题的最大痛点是金融机构与中小企业之间的信息不对称，中小企业信用缺失、信息不透明是中小企业融资市场失灵的根本原因。而大数据征信借助互联网、人工智能等技术，可收集企业相关信息，为企业进行风险画像，从而有效解决信息不对称问题。

**（二）以政务大数据为基础，建立健全中小企业信用评级和授信制度**

可以由政府或通过第三方机构制定针对中小企业的信用评价体系指南。降低传统的授信模式中关于资产规模、行业地位、财务报表、担保和抵押等指标的评估权重，增加对行业前景、知识产权、商业模式、运行指标等更具发展眼光的评估指标。利用切合中小企业更加灵活、分散的融资特点和运营规律的评级体系，解决中小企业信用评级的现实问题。

**（三）以企业信用为支撑，积极探索融资新模式**

一是创新知识产权质押融资模式，建立知识产权信贷审批授权专属流程和信用评价模型，为科技型中小企业提供专利权、商标权、著作权等资产混合质押融资贷款。其次，可探索投贷联动模式，股权融资和债权融资机构可同时依托大数据征信系统有针对性地对中小企业进行风险画像和多维度评估，契合中小企业的经营特点和用资需求，建立专门的风控体系和放款机制，多管齐下协同解决中小企业融资问题。三是可构建区块链、供应链金融平台，打造产融结合生态圈，上下游中小企业可依托核心企业的信用获得融资，金融机构可基于整个供应链对中小企业信用风险进行全面评估，构建信用价值链。

**（四）以信用体系建设为核心，加强法制化和营商环境建设**

目前中小企业扶持政策体系由发改、金融、工信等各职能部门掌握，扶持力度、方式分散；同时，各部门对中小企业的经营信息缺乏准确掌握，只能采取"撒胡椒面"的方式，无法精准扶持企业，难以发挥优化资源配置作用。以企业信用建设为核心，打通各部门信息孤岛，挖掘企业核心信息，掌握企业信用状况动态特征，有利于甄选识别优质企业，有利于建立法制化、市场化、规范化营商环境，有利于为企业提供多维度、便利化、个性化综合服务。

（张曦）

# 运用区块链金融优化中小微企业融资环境

中小微企业融资痛点问题从根本上看是企业规模不经济、抵/质押物不足值、经营信息不透明等因素决定。近年来广州市在引导金融机构加强中小微企业服务、解决中小微企业融资问题方面取得积极成效，但也存在诸多问题亟须解决。区块链分布式账本技术的不可篡改性和智能合约的强制信任机制的特点，为金融交易提供了极大的便利，当前已经有众多成功应用案例。广州市在信贷方面尝试研究区块链在金融领域不同应用场景中的业务逻辑和价值分析，文章继而提出了运用区块链技术扩大中小微企业融资的初步思路和系列措施建议，并探索性地提出了以广州市中小微企业信用信息和融资对接平台为核心的"1234+M+N"区块链综合实施方案。

## 一、当前区块链在金融领域的应用情况

近年来，随着区块链技术的快速发展，在各个领域的应用不断渗透。特别是在金融行业，区块链具有的去中心化、高度安全性和保密性的特点，提升了金融交易的便利性，成为金融业技术应用领域的主要方向。截至2018年末，全球区块链专利申请数2.2万条，其中区块链金融专利累计2424条，占比10.97%。

### （一）国际方面

目前，区块链技术在国际金融领域运用主要集中在数据货币、证券交易、结算、贸易融资等领域。

#### 1. 数据货币

区块链技术的防篡改、可追溯以及分布式记账等特点，使数字货币的产生成为可能。利用区块链技术可以实现数字货币在区块链网络上资质可

验证，流通可追溯，个人隐私和交易数据安全可保证。加密数字货币是区块链技术在金融领域应用最早也最成功的产品。截至2018年末，全球有5个国家已经发行完毕国家数字货币，16个国家有发行国家货币的意向或正在讨论中。

### 2. 证券交易

场内交易方面，在区块链系统中，鉴于交易信息的不可篡改性，欧美部分金融机构和证券交易所推进区域链技术在证券交易领域的应用，用于确定交易品种的所有者身份，以提高证券交易和结算效率。目前纳斯达克证券交易所已推出FLinq区块链私募证券交易平台，纽约交易所、澳洲证券交易所也积极研究推进该技术应用。场外交易方面，区块链技术所具有的安全稳定、不可篡改、去中心化的特点，能够有效解决传统场外市场交易中存在的信息割裂、风险过高等问题，目前，部分金融机构已将该技术引入场外交h3，如2016年英国巴克莱银行启用R3支持的Corda的智能合约技术交易场外金融衍生品。

### 3. 跨境结算

目前全球银行间尚不能实现实时清结算，区块链具有的分布式特征在实时记录信息，防止外部攻击方面的优势，使得该技术在国际清算方面运用越来越广泛。美国华尔街交易的最大信息存储公司，存管信托和清算公司（DTCC）于2017年1月启用新区块链技术替代先前使用的数据库。2015年9月，R3区块链联盟成立，成员包括高盛集团、汇丰银行、德意志银行、野村证券等国际知名金融企业。2019年8月，中国外汇交易中心也加入该组织。

### 4. 贸易融资

由于现有贸易融资存在审批流程长、跨国间交易存在严重的信息不对称以及资金流转速度慢等问题。区块链技术的去中介化，简化了审批流程和融资流程，贸易背景项下的单据流、货物流和资金流可以实现实时更新，大幅提升贸易融资的透明度。2016年9月，巴克莱银行通过区块链技术完成全球首笔出口贸易结算交易。2017年1月，德意志银行、汇丰银行等七家银行利用区块链技术合作开发了贸易融资和供应链融资一体化平台。同年，香港金管局、汇丰银行等七家金融机构共同发起了区块链贸易融资平台。

## （二）国内方面

2016年12月，《"十三五"国家信息化规划》明确了区块链技术战略性地位，2019年8月，中国人民银行发布《金融科技发展规划（2019—2021）》，明确提出金融科技是技术驱动的金融创新。国家各部委在区块链的监管、规划、标准制定、研究、应用几个层面都有相应的部署和实践。目前区块链技术技术应用已延伸到数字货币、跨境汇款、清算交易、电子票据、供应链管理、融资、ABS（资产证券化）、风控、征信、KYC/AML（充分了解你的客户/反洗钱）等多个领域。

### 1. 资产管理

区块链技术可在多节点、多机构、多区域建立资产共享的分布式账本，记录各类实体或虚拟资产，其不可篡改性，为资产高效管理提供重要技术支撑。邮政储蓄银行是国内金融机构中较早使用该技术，2016年该行通过Hyperledger Fabric（超级账本）在资产管理业务中实现的多方信息交互，从而改善了原来各方之间靠邮件、电话进行指令交互的低效局面。其余如工商银行、中国银行、浦发银行和杭州银行等多家银行联合推出了数字票据交易平台。中国人民银行和恒生电子等也在测试区块链数字票据平台。

### 2. 供应链金融

区块链技术在供应链金融中的使用主要包括两方面，一是核心企业确权，包括整个票据真实有效性的核对与确认；二是证明债权凭证流转的真实有效性，实现信用打通，进而解决二级供应商的授信融资困境。目前，"区块链+供应链金融"成为国内区块链最主流的应用场景，许多国内银行已推出各自的"区块链+供应链金融"的服务方案，如建设银行的"云平台"、工商银行的"工银e信"、平安银行的"供应链应收账款服务平台（SAS）"。

### 3. 资产证券化

借鉴国外证券交易所的实践，国内资本市场在区块链运用方面典型是资产证券化。如交通银行的"链交融"，实现建立涵盖所有参与者的联盟链，打通了资金端和资产端。百度联合发行国内首单基于区块链技术的ABS项目，该公司通过基于区块链技术的百度极限事务处理系统降低交易成本。

### 4. 保险业务

区块链技术营造的信任生态具有天然优势。在保险产品设计、销售和理赔等环节，区块链技术帮助保险行业实现投保个体差别定价和专属产品定制，简化投保人信息审核流程节约销售成本，通过智能合约缩短理赔处理周期而无需保险代理人介入。同时所有信息的可追溯性和不可篡改性也为识别保险欺诈行为提供捷径。如阳光保险推出的微信保险卡单"飞常惠"，众安科技开发的"安链云"平台。

### 5. 征信共享

区块链技术与征信相结合，可以在保持征信原有优点的基础上，很好解决数字真实性和准确性不够的问题。目前已有相关应用。如银通征信的云棱镜、公信宝都在开发基于区块链技术的征信平台，解决行业数据交换难题；蚂蚁金服"联合失信惩戒及缴存证明云平台"。

综上，从国内外区域链在金融领域的应用情况看，该技术处于起步阶段，应用领域广，涉及贸易、银行、证券、保险等各个领域。特别是区块链在国内银行业落地应用。随着，经济金融发展及技术进步，未来区块链与金融的融合发展将进一步深化。

## 二、近年来广州中小微企业融资情况

中小微企业融资难、融资贵是全球性问题，近年来，广州市在引导金融机构加强服务中小微企业，解决中小微企业融资问题方面取得积极成效，但也存在诸多问题亟须解决。

### （一）所做的工作及成效

#### 1. 构建了中小微企业金融服务政策体系

广州市先后出台《关于支持广州区域金融中心建设的若干规定》（穗府〔2013〕11号）、《关于促进科技、金融与产业融合发展的实施意见》

（穗府办〔2015〕26号）等文件，并建立涉及政府、监管、金融机构的多方协作机制，鼓励金融机构开展中小微企业金融业务创新。

2. 构建多层次融资体系

间接融资方面，政策推动下国有大型商业银行及部分股份制银行分支机构均设立普惠金融事业部，推动银行机构设立小微支行、广州市中小企业小额票据贴现中心等专营机构，引导银行机构开展针对中小微企业的各类信贷产品创新，通过运用电子渠道，提升业务审批效率。直接融资方面，引导中小微企业利用多层次资本市场，发挥政府股权基金作用支持中小微企业发展，研究探索中小微企业增信集合债模式，拓展多元化融资渠道。截至2019年10月底，广州市累计境内外上市公司174家，总市值2.59万亿元；累计新三板挂牌公司493家，总市值819.02亿元，累计募资158.68亿元；1—10月，广州地区信用债发行规模7816.19亿元。广东股权交易中心累计挂牌、展示企业1.59万家，累计融资1131.26亿元。

3. 推进降低企业融资成本

从2017年起连续三年安排专项资金对相关民营企业进项奖补，截至目前，累计安排资金2.35亿元，累计补助企业360家。利用省级财政资金降低"小升规"和省级高成长中小企业贷款成本，对于2018年度新升规工业企业或已认定的省高成长中小企业在一定期间的商业贷款进行贴息补助，截至目前已安排补助资金1475万元，补助企业68家。

4. 构建金融服务基础设施

一是推进中小企业融资平台建设。推进广州市中小微企业信用信息和融资对接平台、中征动产融资统一登记系统、中征应收账款融资服务平台等平台建设和应用。二是建立风险分散机制。创新信贷风险补偿机制，设立规模4亿元信贷风险补偿资金池，开展小额贷款保证保险创新，每年安排3000万元用于政策性小额贷款保证保险风险补偿和保费补贴；建立担保和再担保体系。截至2019年10月底，信贷风险补偿资金池共对超过1440家企业，累计授信超200亿元，累计发放贷款超过125亿元；通过小额贷款保证保险方式，共帮助31家企业获得贷款7601万元，待审批企业超过76家，待审批资金需求约1.4亿元；全市共有小额贷款公司111家，累计投放贷款

402亿元，累计投放笔数618万笔；小额再贷款公司1家，累计放款167亿元；融资担保机构33家，其中政策性担保机构6家。

### （二）尚存问题

**1. 融资需求仍存在缺口**

据统计，广州地区中小民营企业创造了40%以上的地区生产总值。2019年1—9月，全市民营经济增加值7042.69亿元，占全市GDP的39.4%；同期广州地区民营企业贷款余额8632.64亿元，占全部企业贷款的36.0%，金融机构对中小企业的信贷资金供给与其社会产出仍存在缺口。

**2. 融资贵问题仍存在**

近年来，广州地区企业融资成本总体呈上升态势，企业规模越小融资成本越高。根据人民银行广州分行数据（统计口径为广东地区不含深圳）显示，2018年6月企业贷款平均利率为5.7553%，比上年同期（5.2732%）提高0.4821个百分点，大型、中型、小型、微型企业贷款平均利率分别为4.9818%、5.4932%、5.9462%、6.1363%，微型企业贷款平均利率比大型企业高出1.1545个百分点，如图1所示。

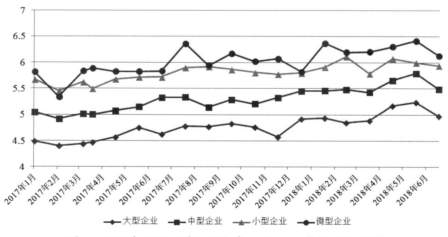

图1　2017年至2018年6月大中小微企业贷款平均利率

本质上，中小企业融资难、融资贵，无法根本性解决除受外部因素影响外，更多是由中小企业自身因素决定。一方面，中小企业普遍缺乏规模优势和品牌优势，缺乏固定资产、土地、房产等，难以提供足够的抵/质押物，且先天抗击市场风险能力较弱，经营情况受市场波动影响较大，存在较大信用风险；另一方面，部分中小企业存在规避税收等做法，或缺乏专业的财务会计人员和财务管理制度，信息透明度不高，财务报表不规范甚至存在造假。两方面对于金融机构均产生信息不对称，前者是金融机构难于把握中小企业未来发展的可能面临的风险；后者是金融机构难于对其实际经营情况进行有效掌控。基于此，中小企业难以获得较高的信用评级，直接和间接融资渠道相对较少，或金融机构需收取较高的风险溢价。降低金融机构信息不对称程度，成为解决中小企业融资痛点的核心问题。区块链技术所具有的去中心化、分布式等特征，为缓解、消除中小企业融资过程中的信息不对称提供了较大可能性，成为解决中小企业融资痛点提供了重要突破口。

## 三、广州市运用区块链技术扩大中小微企业融资的思路及主要措施

### （一）引导金融机构广泛运用区块链技术

1. 商业银行

鼓励商业银行加大区块链技术研发的投入力度，积极运用区块链技术创新业务经营模式、优化业务审批流程，提升管理效率，推进区块链技术向应用方向深入发展；协调广州地区银行机构建立区块链应用联盟，统筹各方优势资源，实现协同发展。

2. 四板市场

引导广州股交中心，选择合适的区块链应用场景验证技术可行性，沉淀中小企业各类信息，通过数据共享披露非强制性信息，从而形成一个联盟链式市场。加强对外交流合作，积极学习借鉴国外资本市场在证券交易领域的有益探索，加快区块链技术的应用。

3. 互联网小贷公司

应用区块链技术，目前金融服务各流程环节存在的效率瓶颈、交易

时滞、欺诈和操作风险等痛点有望被解决。大量多方参与的手工操作、人工验证和审批工作将得以自动化处理，纸质合同将被"智能合约"加"区块链存证"所取代，而在交易处理环节不再会由于系统失误而导致损失发生。对于资本、技术实力较弱的互联网小贷公司，协调推进其与科技企业、商业银行加强合作，建立区块链应用联盟，借助外部力量，缩短技术应用周期，降低成本投入。

### （二）运用区块链技术打造供应链金融

供应链金融是中小企业获得融资的主要方式之一。依托我市供应链金融试点区域先行先试的优势，探索构建"区块链+供应链金融"平台，以联盟链的方式，将供应链上各级供应商、经销商、物流企业、银行、增信机构连接起来，通过使用分布式的共享账本，引入智能合约等技术，实现链上信息流、资金流的统一，扩大链上服务中小微企业范围。

### （三）打造区块链征信体系

作为传统征信体系的补充，应用区块链技术升级改造广州市中小微企业信用信息和融资对接平台，建设开放式企业信用体系和设立平台服务运营团队，对接国家和省级的三个信用融资平台（国家发改委的全国信易贷平台、人民银行广州分行的粤信融平台和省金融局的中小融平台），多维度推动信用融资业务的开展。

1. 建立基于区块链的数据应用授权机制

推动信用数据点对点开放，推动金融监管、公安、工商、海关、税务、公积金、水电等信用信息的整合应用，解决各信用信息条块分割、信源单位开放程度不足现状，拓展金融机构的信贷风险建模在授权下应用中小企业信息数据的渠道，提高信息透明度和准确性。

2. 基于区块链建立信息数据共享与应用联盟

推动官方与民间更多数据机构入链，数据共享与应用生态圈，通过区块链与智能合约建立信息供应正向激励和反向约束等信任机制，扩大信息来源，提高信息准确性以及共享安全性。挖掘更多的区块链融资应用场景，例如，政府采购涉及公共资源交易中心、招标代理机构、财政部门、业主部门、供应商等各个主体，利用区块链技术实现招标、中标、合同、进度、验收和付款信息的可信不可逆的整合，为各类金融机构开展政府采购贷提供线上数据，实现政府采购的"秒贷"服务。

### （四）探索出台专项的扶持政策

探索出台专项政策措施，通过建立专项扶持基金，鼓励金融机构与核心企业、区块链技术服务商合作，整合上下游产业资源，创新适用于不同业务场景的"区块链+"金融解决方案，鼓励个人和企业进行区块链专利申报。探索加强行业引导，加大区块链技术应用标准认证机构和规范化认证体系建设，提升技术应用的规范化和制度化。建立区块链研究中心，由市政府牵头，金融机构、互联网科技企业、科研机构共同组建"政+产+学+研+用"五位一体的区块链产业基地，深挖区块链在各个领域的应用，特别是中小企业融资领域，推进技术应用不断革新。

### （五）加强风险防控确保金融安全

一方面，在建设我市金融监管体系方面积极运用区块链技术，打通与现有金融风险监测防控平台的对接渠道，拓展上链信息范围、实现链上链下综合管理。另一方面，及时跟踪，关注区块链技术更新对现有金融市场结构、风险管理模式、监管及法律框架产生的影响，明确新兴技术对现有法律和监管规则的适用性问题。此外，增强风险防控前瞻性，研究出台广州地区区块链风险防范相关制度，着力规范部分企业使用区块链、利用区块链技术进行宣传的行为，防范通过区块链技术从事非法金融活动的行为。

## 四、探索的实施方案基本思路

### （一）总体设想

探索的整体方案可以简单总结成"1234+M+N"。"1"代表以广州市中小微企业信用信息和融资对接平台为中心（简称"融资对接平台"）。"2"代表两类机构联盟，分别是行业供应链服务联盟和金融服务联盟，将基于区块链技术构建相应的联盟链。"3"代表三种在相关专业领域有法规政策或资质约束支持的区块链，分别是电子凭证与证书区块链、电子证据与司法存证区块链、与数字票据登记流转贴现区块链。"4"代表四类特定生态场景，区块链可以在多个机构之间通过相关规则约定和智能合约的引入，实现特定管理与应用需求功能，分别是区块链+可信数据交换、区块链+应收账款登记权益转让、区块链+ABS资产证券化以及区块链+融资租赁。"M"代表融资对接平台对接与服务的M个垂直产业集群、行业组织或供应链平台。"N"代表垂直产业集群或行业平台中有融资需求的N个上下游企业和服务机构，即融资对接平台间接服务的对象。

### （二）一个中心平台

探索建设广州市中小微企业信用信息和融资对接平台，打造政府引导下的有公信力公共服务平台，整合金融机构、第三方征信与监督机构等服务资源，提供融资支持的以及一系列金融工具、金融制度、金融政策与金融服务的系统性安排，发挥组织、引导、放大、增信和风险分担五个方面作用。初步总体架构如图2。

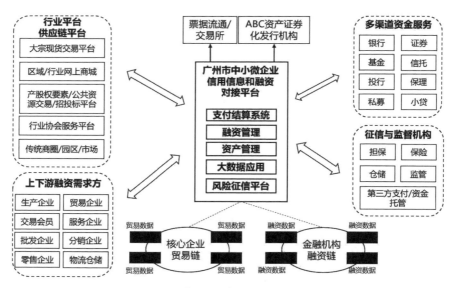

图2　实施方案总体架构图

作为中心的融资对接平台的角色定位有如下考虑：

第一，为了真正发挥产业带动作用，探索打造"产融结合"的创新模式，区别于传统直接面对融资需求方中小企业的操作方式，更多鼓励与垂直行业平台或供应链服务平台合作（将推动升级成为"产业金融服务平台"），充分挖掘产业链中核心企业的"信用辐射"潜能，通过政府引导吸引各类金融资源对整个链条的有效注入，真正服务实体经济，从而解决上下游中小企业的融资痛点。

第二，探索建设专注做好"产业、IT、金融"三融合的基础业务平台搭建与资源对接整合工作，以产业链为抓手，整合金融机构服务资源，打造核心企业的虚拟银行功能，发展成为综合金融服务专家，逐步向上下游客户提供包括贷款融资、理财增值、投资银行、国际业务、支付结算、其他增值服务在内的产品组合服务。在这种模式下，垂直行业平台或供应链平台将扮演金融前中台的角色，金融机构则可以专注于金融的中后台。

第三，探索建设联合各垂直行业的产业金融服务平台，做好数据与环境搭建工作，包括建立信息标准，按照金融机构融资风险管理的需求归集整合数据，构建金融机构的获客和风险控制的前置平台，让金融准确对接产业链中的关键需求节点，同时保障融资的安全性；建立产业内部信用风险及内部评级系统，把单个产业链中企业群的不可控分散风险转化整合为整个供应链企业整体的可控的系统性风险，提高主动经营风险能力；建立融合信息服务体系，对接金融资源，发挥产业资本的金融杠杆作用。

第四，探索促进更专业化的中小企业信贷业务，涵盖商业银行、科技支行、中小企业债、中小企业集合票据或集合融资券、科技小贷公司等。

第五，探索不断拓宽原有的融资渠道或灵活变通方式方法，涵盖资本金投入、信用担保、融资租赁、科技保险、P2P网贷平台、股权众筹等多种形式。

第六，探索提供不同金融工具组合"梯形融资模式"，涵盖投贷保联动、结构化金融产品、综合化金融服务等。

第七，探索引导更多形式的专项配套资本投入，涵盖无偿资助、政府购买服务、贷款风险补偿资金、股份制改造、上市奖励、贷款利息补贴、担保费补贴、激励性转移支付、后补助等专项补贴。

第八，多种手段并举，引导和带动社会资本多元投入，推动公私合作模式，逐渐形成专业化的金融中介服务体系和支持体系，包括中小微金融中介机构、专业投融资机构、科技金融服务中心、信息服务平台、专家咨询服务系统等。

第九，协调其他职能部门，在产业政策、土地政策、财税政策、工商服务政策甚至所有权政策等外部环境方面给予相应的配合运用，与金融政策全面对接，减少重合与摩擦，形成了合力，提供一条龙服务。

### （三）两类机构联盟

供应链金融业务的开展需要实现"四流合一"，即商流、物流、信息流、资金流的关联与统一。可初步探索分两个维度采集数据与验证数据：第一，从产品溯源与物流跟踪角度，需要整合供应链各参与方的产地信息、销售、物流、采购流通、生产加工、仓储等数据信息到区块链上，实现"信息闭环"，从而建立供应链服务联盟链。第二，从供应链金融业务开展角度，基于"信息闭环"和"资金闭环"的核心风控逻辑，联合相关参与机构建立联合金融服务联盟链，基于区块链和智能合约技术建立可追溯管理的供应链金融平台。区块链技术的不可篡改性和智能合约的强制信任机制，有助于检查交易双方的真实贸易背景，提供可视化全流程贸易信息，实现融资需求的多样化流程设计，同时，金融机构也可以实现对贸易融资投放与回收的专户管理。

### （四）三种专业领域区块链

三类相关专业领域有法规政策或资质约束的区块链应用，探索适用于供应链金融场景，分别是电子凭证与证书区块链、电子证据与司法存证区块链、与数字票据登记流转贴现区块链。

### （五）四种场景生态区块链

四类特定生态场景，区块链可以在多个机构之间通过相关规则约定和智能合约的引入，实现特定需求功能，分别是区块链+可信数据交换、区块链+应收账款登记权益转让、区块链+ABS资产证券化和区块链+融资租赁。

（古波）

# 优化金融信贷环境
# 推动银行信用卡业务高质量发展

2018年9月，国务院在《关于完善促进消费体制机制，进一步激发居民消费潜力的若干意见》中提出，围绕居民穿用住行和服务消费升级方向，适应居民分层次多样性消费需求，构建更加成熟的消费细分市场，壮大消费新增长点，进一步提升金融对促进消费的支持作用，鼓励消费金融创新。银行作为国内最早开展和规模最大的消费金融服务和提供方，发展信用卡业务可有效提升消费者消费水平，扩大社会消费总需求，也能提高中小企业的信贷质量。当前广州银行信用卡业务正面临行业风险上升、利润受挤压、获客场景少、品牌知名度不高等挑战，广州市抓住粤港澳大湾区发展机遇和监管动向、科技赋能等有利条件，通过科技和数字化转型、跨界融合、成立信用卡子公司等措施推动广州银行信用卡高质量发展。

## 一、大力发展银行信用卡业务的必要性

### （一）消费金融持续激活消费活力、扩大社会消费总需求

当前国民经济增长正在实现由投资拉动向消费拉动的转变，2009—2018年间刺激消费政策效果明显：最终消费对GDP增长的贡献率从56.1%上升到76.2%，而资本形成对GDP增长的贡献率则从86.5%下降至32.4%，国民经济增长正在实现由投资拉动向消费拉动的转变。

消费金融作为信用资源分配的一种形式，通过短期消费信贷和长期消费信贷，可以有效提高消费者消费水平，扩大社会消费总需求。其中银行作为国内最早开展和规模最大的消费金融服务和提供方，其住户消费贷

款规模实现快速增长。据中国人民银行统计，金融机构住户消费贷款总额2013年至2018年五年间复合增长率高达23.84%。

**（二）银行信用卡作为消费金融领域主力军、正规军的地位进一步凸显**

尽管持续发力中的消费金融激发了消费市场活力，让前期通过信用卡等渠道培育的消费金融市场在短短数年间有了巨大发展，但伴随行业的快速发展，近年来也出现了供给过剩、杠杆率过高、共债、用途偏离等问题；特别是互联网消费金融平台的诈欺骗贷、暴力催收等问题屡禁不止，直接挑战了整个行业的风控能力，严重影响了消费金融的健康、有序发展，同时也造成了一定的社会负面影响。

从长期来看，消费金融向合规化、专业化、持牌化发展是大势所趋。这时银行信用卡更应把握时机，在客群覆盖、风险管控、产品创新、客户体验上进行高质量转型，为防范系统性风险和促进国民消费上做出更大担当。

**（三）信用卡业务成为银行分散风险、获取高回报率的利润增长点**

银行的零售业务正在成为银行业的主要利润贡献，招商银行、平安银行、中信银行等零售收入年均复合增长率超30%，远高于中国银行业整体的17%，招商银行作为零售之王，零售金融收入贡献占比在2017年为50%，2018年年报显示占比已近57%。国内领先银行认识到零售业务的重要性，纷纷构建"大零售"战略发展格局。

同时受全球经济下行压力、贸易摩擦等不确定因素的影响，企业中长期信贷需求疲软，同时房贷业务受宏观政策影响增长乏力，因此以信用卡业务为代表的个人消费信贷业务具有受经济波动影响相对较弱、经营风险分散、资本占用较少、收益率相对更高等优势，当仁不让成为银行业零售业务转型的发展突破口。

## 二、广州银行信用卡业务的挑战及机遇

### （一）广州银行信用卡业务现状及挑战

广州银行于2012年正式发行信用卡，经过七年多的探索，信用卡业务已成为广州银行规模增长最快、业绩表现最好的业务板块之一。经广东银监局批准，2016年7月广州银行信用卡中心成为分行级专营机构，是国内获批专营机构牌照的第二家区域行性银行。截至2019年11月末，信用卡累计发卡385.0万张，机构总透支规模接近725.2亿（含消费金融业务），约占全行零售信贷总额的55.5%；预计2020年信用卡中心透支规模为932亿元，业务收入98亿元，超越全行对公收入，约在全行的利润占比为11.5%。中国银联内部经营数据显示：2018年前三季度广州银行信用卡月均活卡量、总交易笔数以及云闪付用户量均居全国城商行第一位，新增发卡量居城商行第二位。在业务高速发展的同时，广州银行信用卡中心也面临内外部一系列挑战，主要包括三方面：

1. 经济下行压力，共债风险抬头，利润不断被挤压

从2018年开始，各家银行信用卡逾期风险均有抬头倾向，这主要来自于三方面影响：一是2018年以来，现金贷、互联网消费贷、P2P等市场放贷主体日益增多，导致消费金融行业共债、逃废债等债务风险不断暴露，此类风险似有向信用卡行业传导的趋势。二是在我国经济增长下行的情况下，我国居民部门杠杆率在较低基数的基础上持续走高，从2008年末的17.87%提升至2019年一季度的54.28%。短期消费贷款依然是拉动居民杠杆率上升的主要动力。杠杆率的快速攀升一方面会对居民的消费支出水平产生负面影响，另一方面还将导致居民还款能力与还款意愿的下降。三是在商业银行加快零售业务转型的过程中，信用贷款快速扩张，业务经营策略偏向激进，尤其是在低年龄群体和低收入群体中下沉，由此带来局部杠杆率上升、不良资产比率提高等风险问题。

其中广州银行信用卡当年新增不良率在2017年以前年份均在0.5%左右，近两年受行业风险影响，风险开始有了不同程度的上升，2017—

2019年三年新增不良率依次为 0.58% 、 1.52% 、 2.29%。随之对应的三年的ROA（资产回报率）也有了不同程度的下降，依次为1.17% 1.00% 0.91%。因此，当风险形成新常态时，群体经营思路如何快速调整，如何在规模与收益中取得平衡，是这两三年发展需要重点关注的。

2. 移动支付普及，跨界竞争加剧，信用卡获客难度及成本快速上升

随着国内移动支付的快速普及，客户的交易方式及消费模式发生了巨大变化，越来越多客户选择支付宝和微信交易，同时越来越多年轻客户选择使用花呗、借呗、京东白条等类信用卡产品。据尼尔森2019年11月发布的《中国年轻人负债状况报告》中提到，18～29岁年轻人互联网分期消费产品的渗透率和喜好度都已高于信用卡，其中互联网分期消费产品的渗透率达到60.9%，而信用卡只有45.5%；42.9%的年轻人更喜欢或者只使用互联网分期消费产品，而只有23.8%表示更加偏好信用卡。

同时，由于阿里、腾讯、京东等互联网公司在线上的生态布局几乎垄断了客户线上消费的主要场景，这给银行在线上获客和经营带来了很高的行业壁垒。银行迫于卡量规模增长的压力，而选择以更高的合作成本从互联网公司获取流量。近两年，广州银行线上获客渠道的年新增客户量大约在15～20万户左右（占当年整体新增卡量的20%左右），2018—2019年广州银行线上获客成本单价分别是84元/户和145元/户，增幅为72%；预计到2020年线上获客成本将接近200元/卡。同时，互联网公司依靠各种场景优势，掌握了比银行更为丰富的行为及交易数据，并通过数据建模、机器算法等方式不断优化自身的风险策略，为更多长尾客户提供信贷服务。

3. 广州银行信用卡起步晚，规模较小、产品竞争力不足、品牌知名度较低

广州银行2012年正式发行信用卡，目前累计卡量385万张，且发卡仅限在分行所在地的珠三角十个城市。与四大行和股份制行相比，卡量仅是他们的二十到三十分之一，在规模效应和品牌知名度方面都存在较大差距。根据《广州银行信用卡2018年度品牌调研简报》内容，广州银行信用卡品牌综合排名目前处于第三梯队（其中第一梯队有招行、广发、工商；第二梯队有建行、中行、平安、交通、农行；第三梯队有广银、浦发、中

信、光大、民生）；在品牌形象方面，广州银行信用卡给客户贴心周到、简单快乐的服务感受，但品质感不足，与年轻白领群体和中产精英的心理需求存在一定差距。

## （二）广州银行信用卡业务所处机遇

### 1. 大湾区发展机遇

信用卡业务发展与当地人口规模和经济发展的增速密切相关。2015年粤港澳大湾区常住人口仅6669.92万人，2018年粤港澳大湾区常住人口突破7000万人，达到7115.98万人，比上年增加158.82万人。从常住人口分布来看，珠三角9市常住人口数量增幅最大、增长速度最快的区域；同时大湾区经济成长高于全国平均水平，2018年大湾区的GDP生产总值超过1.64万亿，人均GDP2.3万美元。

从广州银行自身情况来看，目前共设11家分行（省内分行有广州、深圳、佛山、东莞、中山、珠海、江门、惠州、肇庆、清远、南沙分行；省外分行为南京分行），除香港和澳门外，分行已覆盖大湾区规划中的珠三角九市（2018年珠三角九市常住人口占粤港澳大湾区人口总量的88.55%）。同时，大湾区内已成立的5家信用卡中心专营机构，包括深圳注册两家（中信银行信用卡中心、平安银行信用卡中心）和广州注册三家（广发银行信用卡中心、广州银行信用卡中心和广州农商银行信用卡中心），其中中信、平安和广发均是全国性股份制银行，在业务规划层面要兼顾全国，相对来说在区位性经营的深度和密度就会略显不足。而广州农商目前发卡主要集中在广州地区，异地只有少量村镇银行覆盖，2019年新增卡量大约在30万左右，短期内无法形成规模。相比之下，广州银行信用卡业务覆盖珠三角九市，具有9年的业务发展经验、专业的团队和系统支撑，既具备业务成长的客观基础，也具备聚焦和经营好大湾区信用卡业务的主观动力和决心。

### 2. 把握监管政策动向和机遇

2014年以来，银监、人行等监管部门通过不同方式释放政策信息，鼓励条件成熟的银行对信用卡业务板块进行牌照管理和子公司改革试点。成立信用卡子公司政策环境具有较为宽松的政策环境。2016年12月29日，人民银行等14部门共同发布《关于促进银行卡清算市场健康发展的意见》，明确提出："支持发展成熟、经营稳健的银行业金融机构试点设立信用卡公司，促进市场主体多元化发展"。

在当前市场竞争日益激烈的环境下，成为信用卡子公司，深化市场化经营体制改革，是实现信用卡业务持续快速发展途径之一。通过成立信用卡子公司，对外有利于提升银行信用卡品牌建设、产品差异化竞争；对内有助于完善信用卡的收益和成本管控、人力资源管理。2012年初，广州银行正式对外发行信用卡，并于2016年6月30日在南沙自贸区成立分行级专营机构，是全国城商行中仅有的两家信用卡专营机构之一，经过近年发展，市场经营优势明显。据了解，目前股份制银行中有中信、民生、光大相继申请成立信用卡子公司，上述同业的相关经验也给广州银行在申请成立子公司的过程中提供了参考借鉴。

3. 科技赋能、数字化转型机遇

当前整个金融行业正在经历一场以大数据和人工智能为代表的技术革命浪潮，基于人工智能、区块链、云平台、生物识别等科技能力，已经研发出渠道、产品、风控、服务、运营等众多场景下的金融科技产品，并以此帮助金融机构优化客户体验、提升效率、降低成本，最终实现智能化经营水平的全面提升。

在科技数字化转型中，招行银行信用卡是典型代表，它从银行卡转向APP重新定义银行服务边界。招行自2015年执行"移动优先"策略及后提出的MAU北极星指标。据其年报数据显示，截至2018年12月，掌上生活APP月活达3287万，其95%的网点服务可在APP端实现，信用卡线上获客占信用卡新户的61%，APP流量占零售客户流量的85%，且占比不断增大，未来APP将取代卡片。同时我们也看到一些中小银行，如中原银行在两年左右的时间实现了卡量从零到百万的跃迁，同时不良率控制在0.5%的低水平范围内，其快速成长得益于其科技化、数据化的战略转型。据中原银行2019年半年报中披露，其折旧与摊销支出同比增幅41.4%的主要原因为"本行持续加大科技投入"。

## 三、营造良好的金融信贷环境，信用卡业务实现高质量发展

### （一）加快科技化、数字化转型，为信用卡业务速度和质量的并重发展持续赋能

如前文分析所示，自2019年以来，受经济下行压力、强监管模式开启、行业风险隐现等多重因素影响，全国信用卡发卡增速整体呈现下滑趋势，多家银行信用卡不良率开始抬头，利润空间收到较大挤压。在这个阶段下，以量取胜的业务策略难以长久持续，广州银行信用卡业务经营将面临从求速度到求质量的拐点，加快科技化、数字化转型，这里主要体现在提高风控水平、自建场景获客、优化经营效率等方面。

1. 广州市通过调优资产结构，持续提升风控水平

一是重点防范共债风险，有针对性地调整风险政策。严格审查新客户资信水平，利用风险评分、预测模型等手段对疑似共债的客户进行升级管控，扩大高风险客户预警范围；针对共债、高负债及高风险区域客户采取降额、提前催收甚至退出等主动管控措施，有效控制并降低高风险客户的占比，使新发放业务的资产质量实现稳中向好的态势。二是运用大数据等创新技术手段充分评估客户的负债情况。通过多渠道数据收集整合客户全方位的负债信息，实时更新客户在贷前、贷中和贷后各个环节的多维度信息，全面把握客户负债情况；同时，通过利用收入负债模型深入评估客户多头借贷和收入负债情况，全面把握客户实际还款能力，严控共债风险。三是科技赋能提升催收效率。通过对接失联修复等外部信息及系统来提升催收效率，同时探索智能AI催收方式的可行性。

2. 广州市探索自建场景获客，深度经营获取价值

从金融到生态，将APP作为银行信用卡数字化转型主要抓手。一是建设移动生态，构筑获客新入口。目前广州银行信用卡APP用户量接近300万户，月活用户量稳定保持在百万数量级以上，成为触达、服务、营销用户的"第一前线"，也为广州银行信用卡中心构筑移动生态提供了流量基础，而广州银行信用卡APP的商城平台，正是天然的移动生态系统。通过

广银信用卡APP引流，APP商城平台迅速累积一批用户，并抓住消费者对"好而不贵""买精不买贵"的核心诉求，通过丰富商品品类，因人、因时、因地制定自动化广告投放策略，刺激用户购买积极性，持续提升渗透增速，缩短复购周期，建立稳定的流量闭环，一个良性、自循环的移动生态逐渐成形。目前APP商城每月几十万订单量，为广州银行信用卡中心形成自有流量，为自建场景获客做好前提准备；二是小程序赋能，通过社交裂变实现低成本获客。结合广银信用卡APP商城的常态流量，把具有的强大社交裂变能力的小程序作为提升运营效率、降低获客成本的新渠道。通过APP商城商品"分享减价"等优惠形式促进老用户自发分享，利用熟人社交的信任背书，吸引其微信好友参与，达到营销信息触达潜在新户目的。相比过往全覆盖、广撒网式的营销信息单向传播模式，此种分享方式具有更强的互动性、分享性。相当于在微信渠道给广州银行信用卡中心创造一个新的信息展示渠道，使得获客、营销信息微信生态中裂变传播，实现1×30倍的流量扩散效果。三是数字驱动，提升APP预测和经营能力。通过客户行为数据挖掘，及结合手机设备、用户属性及银联消费等重要数据，构建客户行为预测模型，实现营销活动分层分时的自动触发，节约运营人力，支持场景建设及对应的中台能力演化搭建。

**（二）紧抓地缘优势，探索跨界融合，构建"湾区生活圈"金融平台**

如前文分析，金融产品整体面临同质化程度较高的问题，广州银行信用卡目前在产品创新、自建场景、品牌印象上都存有不足。结合近期走访广州多家国企的调研情况，建议抓住地缘优势，探索跨界融合，通过信用卡的支付和信贷功能将广州主要国企的资源进行连接与打通，打造"湾区生活圈"的全新生态。一是广州现有27家国企，占全市财政收入的三分之一，提供的产品和服务与老百姓生活息息相关，连接起来就是一个覆盖吃穿住行的天然生活场景，比如吃有广州酒家、珠江啤酒，穿有广百、友谊，住有越秀地产、珠江实业，行有广州地铁、公交等。二是广州银行信用卡可着力整合以上国企资源，为客户构建本地生活平台，并将支付及信贷服务贯穿其中，既满足客户对美好生活的基础需要，也逐渐建立差异的产品特色和品牌认知，形成独特的竞争优势。三是随着信用卡客户规模的不断增长，信用卡作为有效的客户触达和经营平台，又可以反哺平台上的各家国企，成为千万级用户与国企的沟通和销售渠道，拉动国企的品牌曝光和销售，实现双赢。

### （三）抓住湾区机遇及监管政策动向，积极申请成立信用卡子公司

广州银行信用卡经过7年多发展，整体经营情况良好，净利润增速可观、内部运营机制稳定、行业地位逐步提升，呈现可持续发展的良好态势。结合监管政策的动向，建议广州银行抓住粤港澳大湾区发展机遇，大胆进行金融创新，申请成立国内首家信用卡子公司，以发挥市场化经营机制优势，提升专业化、规模化运营水平，将广州银行信用卡打造为大湾区内市场占有率最高、客户体验最佳的信用卡品牌。从目前监管和同业了解的情况来看，建议一是信用卡子公司拟采用有限牌照银行的形式，银行对信用卡子公司全资控股，后续可根据发展需要引入资本实力雄厚、财务状况良好、具有较好零售客户资源的战略投资方，同时也保留员工持股的可能性。二是公司将遵循《公司法》《银行业监管管理办法》《商业银行法》及其他法规。信用卡子公司按照现代化管理理念建设"三会一层"的公司治理体系，推动业务的持续快速发展，谋求股东利益最大化，具体包括股东大会、董事会、监事会、高级管理层。三是信用卡子公司将强化负债管理，重点关注流动性、安全性和盈利性，实现资产负债总量平衡、结构合理和收益最大。四是不断加强信用卡子公司在科技系统、风险管理、营销获客、服务体验等方面的创新和建设。

（刘敏）

# 完善知识产权保护制度
# 推动实体零售业高质量发展

当前，新零售技术的创新和消费升级正在重塑零售产业生态。在加快建设国际商贸中心、实现老城市新活力的历史征程中，广州实体零售业正处于急剧变革浪潮中。广州实体零售业如何深刻把握新零售的大趋势，加快实现转型升级高质量发展已经迫在眉睫。

## 一、广州实体零售业发展的现状

广州素有"千年商都"之称，自秦汉以来就是岭南的政治、经济和文化中心。在全世界城市中，广州是仅有的唯一保持2000多年长盛不衰的商业型城市，是中国通向世界的窗口；而纽约、首尔、东京等世界名城，其繁荣的历史至今不超过500年，而曾经与广州一起站在世界之巅的威尼斯城，如今只剩往事可以追忆。

从海上丝绸之路的发祥地，到通商口岸"十三行"，再到中国外贸晴雨表和风向标的"中国第一展"广交会，商业文明已深深融入广州城市血液。为此，可以说，广州自古以来便具有商业的文化与基因，其商业基础、商业能力、消费能力毋庸置疑。广州市2018年度商务工作报告显示，广州2018年全年社会消费品零售总额9256.2亿元，在全国主要城市排行榜中位列第三，仅次于上海（12668.69亿元）和北京（11747.7亿元）。虽然广州排名第三，但是与上海这个"标兵"相比还有非常大的距离，与"千年商都"的美誉相比更是有很大的进步空间。

广州是一座因商而生、因商而兴之城，但回顾其零售业发展史，却发现其面临着比较尴尬的局面，可用两句俗语来概括。

### （一）起大早，赶晚集

广州一直是商贸业创新之福地，全国商业流通体制改革最早从广州起步，取消粮票、放开物价等改革新事物最早也是发生在广州；多种新业态、组织形式、管理模式都是从广州诞生，如最早的友谊商店开设超级市场，最早的专卖店佐丹奴，最早的便利店，全国首家货仓式批零自选商城广客隆，最早的购物中心天河城以及南方大厦首创了"开门迎宾、关门送客"制度、大件商品免费送货上门等。而如今，北上深杭的零售业创新举措，已将广州远远抛在后面。特别是2016年马云抛出"新零售"概念以来，广州在这方面的探索收效甚微。北大光华管理学院发布的《新零售城市发展指数报告》中，传统的"北上广深"组合被新零售之城的"上北深杭"组合所取代，广州仅居第五。这正是"起了个大早，赶了个晚集"。

### （二）有大水，无大鱼

一个巨大市场往往能培育出巨大的企业，俗话称之为"水大鱼大"。广州作为华南、珠三角中心城市，同时是中国第一经济和人口大省的省会，其经济总量、商贸总量特别是批发业冠绝全国，理应产生具有较大影响力商贸企业，但目前除了广州商控集团（广百、友谊）在行业具有一定知名度和影响力外，其他的零售企业在广州的销售规模和行业影响力均不大。广百集团和友谊集团联合重组为广州商控集团后，在全国零售百强中仅能排在第23位。且吊诡的是，外来百货品牌在广州的存活率相当低：如仟村百货1996年倒闭，百盛商业2003年败走广州，太平洋百货错过天河中怡广场，银泰百货暗战西门口广场未果，万达百货水土不服，唯一存活的是广州王府井；就连深圳天虹，在外省、广州外围开店势如破竹，但就是很难进入广州。广州作为"千年商都"，非常遗憾的是没有一家在全国具有影响力的大零售企业，正所谓"虽有大水，但无大鱼"。

## 二、当前广州实体零售业存在的问题

2017年以来，零售业分化和洗牌趋势进一步加剧，新零售异军突起，传统实体零售业进入全局性调整期，更贴近消费者和目标客群的新模式不断涌现，广州传统零售业的不足之处越发突显。

## （一）集中度不高

市场集中程度在一定程度上能够反映零售业的竞争态势，过低的零售业市场集中度反映出缺乏具有强大市场竞争力的零售企业。广州社会消费品零售总额连续30年居全国各大城市第三，但与上海、北京等城市相比，其专业化组织程度依然较低，"小、散、乱、弱"问题依然突出。在流通领域具有规模效应、市场竞争力强、市场影响能力大的大型龙头零售企业数量少，不能发挥示范带动作用。一般情况下，但凡市场容量大、消费能力强的城市，总会培育出一两家在当地市场占有率较高、竞争力较强的龙头零售企业，如北京的物美、上海的联华、南京的苏宁、福州的永辉、深圳的天虹等，但广州除了广百外，基本没有大型连锁零售企业。广东省连锁经营协会《2018广东连锁50强》显示，排名前十位、且销售规模超过100亿元的连锁零售企业中深圳占6席，广州仅3席，规模较小。

## （二）同质化严重

同质化竞争是指同一类系列的不同品牌的产品，在外观设计、使用价值、营销手段上相互模仿，逐渐趋同的现象。零售业同质化包括定位同质化、商品同质化、商品品牌同质化、营销手段同质化。以商品为例，广州市场上大型百货零售门店，品牌的重复率很高，商场"千店一面"，同一定位水准的商场之间，相同品类商品品牌重合率在30%以上，化妆品、运动休闲服饰及用品品牌更是达80%～90%的重合率；从商品陈列上看，实体门店的形象和陈列老旧，对消费者缺乏吸引力；从营销手法上看，商场营销手段单一，难以摒弃打折促销模式；从布局上看，一楼化妆品、二楼珠宝、三楼女装、四楼男装、五楼运动装……商场布局思路及手法了无新意，与新生代消费者日益多元化、个性化的消费趋势背道而驰。

## （三）创新性不足

从商业模式上看，广州零售企业商业模式比较单一，普遍扮演着"二房东"角色，走着联营扣点老套路。大部分实体零售店及商场，还是以纯零售形式出现，缺乏跨界思维，缺乏体验营销；与现代科技结合黏度不够，不善于利用互联网和新生代消费者沟通，缺乏把消费者从线上引流到线下的能力；自营、时尚单品自有品牌、设计师独家品牌、私人定制类品牌和商品缺乏；业态组合单一，缺乏提供"一站式"生活方式体验的跨界组合与服务。零售企业不能提供创新的商业模式、不能提供创新的价值定位，就不能吸引消费者更多地消费。

## 三、知识产权保护下的广州实体零售业高质量发展

知识产权时代，广州实体零售业做强做优做大的法则，势必要重新回归创新促进知识产权创造提质增量的时代，重构"人—货—场"的格局，以满足消费者的需求为中心，打造高品质的商品和购物体验，满足市民对美好生活的追求。

### （一）顾客中心

货、场、人是零售业的三个核心要素。零售商家把货（商品）组织到一个地方（卖场）卖给有需要的人（消费者）的过程，就是基本的零售过程。旧零售时代的中心关注的是"货"，因为从商家的角度上看，如何更有效率、更便捷地把货物传递到顾客手中至关重要。随着货物批量化生产越来越大，需要提供的卖场也越来越大，卖场类型也随之变化，由单体卖场（如单体百货店）发展到以品类为主的卖场（如专卖店及便利店等），以及综合型卖场（如购物中心）。在新零售时代，新零售的关注点不在"货"而在"人"，新零售必须回归消费者和对消费需求的把握上，因为新零售是通过商品来经营人。所以，需要重构"人—货—场"，以顾客为中心创造极致的消费者体验，满足顾客既想要网络的便利和便宜的价格，又想要实体店的体验和服务，更想要有品质的产品这种既注重品质也注重体验、既看重价格更看重价值的消费需求。所以，抓住了消费者这个中心，就抓住了零售业高质量发展的"牛鼻子"，这也是零售业供给侧结构性改革的必然要求。

### （二）体验制胜

在互联网技术深刻改变人们生活方式的大背景下，消费者行为已经发

生了深刻变化。从消费动机上看，单纯的购物目的性减弱，社交目的性增强，商场不单单是购物场所，也是城市休闲空间和就餐、交友、会客的人际交往场所；从消费内容上看，由于购物可以从网络上更容易实现，实体商场就变成更多以休闲服务为主的场所，这就对商场的体验性、参与性的要求进一步提高；从消费模式上看，消费者在实体商场中对文化、健康、休闲等服务的消费比重越来越大；从消费目的地来看，那些购物环境优越、餐饮休闲配套设施多的商场，越来越受到消费者的青睐。总而言之，消费者体验正在一步步取代旧日的商品销售，成为消费的主要驱动力。实体零售空间已不单单是购物的空间，还是体验互动的空间、人与人交往的社交空间、城市文化的展示空间，消费者在此更注重参与、体验的感觉。为此，实体零售店要充分发挥与消费者直接接触的天然优势，把商店从"购物的场所"转变为消费者"体验的场所"，优化空间布局，营造主题式场景式的购物空间，增加消费者互动体验活动，实现人与场的良性互动，提升消费者的愉悦体验感。

### （三）数据赋能

纵观零售业的发展历史，国内外零售业的每一次变革，均有技术进步力量的影子。当今，数据驱动、技术赋能已经成为新零售时代的"代名词"。互联网的强势发展，全面颠覆传统商业世界的增长模式，不断打破行业边界与竞争壁垒。为此，实体零售业转型升级高质量发展，应该放在科技变革和流通变革的时空维度下思考。一是以新技术升级传统实体零售。如运用智能屏幕提高商品的呈现率，采用二维码标签技术、扫码结算、电子支付等技术提高运营效率和降低人工成本，运用人脸识别技术精准收集消费者消费行为数据，运用电子货架促进商品结构优化以提升传统实体零售与顾客的黏度等。二是以新技术应用推动实体零售转型。运用新一代人工智能、物联网、虚拟现实等新技术倒逼实体零售渠道的变革，以"大数据"的运用打通全产业链，通过大数据实现精准营销与延伸服务，以区块链技术对每件商品进行溯源，保护知识产权，保障消费者合法权益。三是以新技术推进供应链流程再造。以"云服务"实现上下游最大限度的信息共享，为终端消费者和合作伙伴提供云存储、云搜索、云社区、云应用，促进实体供应链整合，提高商品流通效率。

### （四）双线融合

新零售时代的营销，一定不是单单靠线下场的单一渠道，而是跨界的线上线下融合的全渠道营销。随着移动互联网基础设施的完善，移动网络零售蓬勃发展，零售业也进入了新一轮的产业生态重塑，线上线下融合的全渠道营销就成为必然的选择。一是通过线上渠道拓展商品消息传播渠道，使信息投放更加精准、高效；同时，消费者可以在线上通过微信群、发微博和朋友圈等方式实时分享购物体验，满足个性化的心理需求。二是把线上品牌导入线下实体店。发挥实体店体验优势为线上品牌引流，实体店是商品品牌的延伸，实体店可以创造消费者的可见性，让消费者最先唤起回忆，这种光环效应将促使消费者进入线上商店消费；与此同时，线下实体店允许消费者尝试、试用新产品、解决产品售后以及作为提货和退货点。三是线上线下融合互动消费。随着消费者对服务的要求越来越高，希望既拥有线上便捷的购物体验又能够做到更近距离地接触商品；线上线下的有机融合，可以形成一个立体的、集合体验、销售、取货多功能，进而形成的对消费者提供更具黏性的销售体系。

当然，广州实体零售业的高质量发展，除了实体零售企业本身紧紧跟上新零售时代的脚步做强做优做大外，同时也需要政府部门在商贸产业规划的引导、产业政策和税收政策的扶持、营商环境的打造、社会信用体系的建立健全、跨境电子商务便利化、打击假冒伪劣产品和保护知识产权等方面给予支持。

（王亚川）

# 优化政府服务环境
# 推动工程咨询行业品牌释放新活力

　　中国工程咨询行业起步于20世纪80年代，是为适应当时我国实行改革开放和建立社会主义市场经济的客观需求发展起来的专业服务业。工程咨询以工程技术为基础，涵盖管理、法律、财务、社会科学等多学科专业知识，为投资者提供复合型专业化服务。随着我国发展步入新时期，投资领域政策环境不断变化，客户需求不断调整，传统综合性工程咨询单位业务开展也面对前所未有之大变局，政府推动政务服务改革后，工程咨询行业进入了新的春天。工程咨询行业实现了品牌价值的提升，让老品牌焕发新活力已势在必行。

## 一、营商环境优化后工程咨询行业发展状况

　　在经历了新一轮工程咨询单位资信评价改革后，全国工程咨询机构从良莠不齐逐渐发展为专业可靠的咨询公司。其中拥有综合甲级资信61家，拥有PPP咨询资信甲级129家，同时拥有以上两个资信甲级的咨询机构为24家，工程咨询行业蓬勃发展。以广州市国际工程咨询公司为例，作为我国最早一批综合性工程咨询单位，经过三十多年的发展，公司已成长为拥有工程咨询综合甲级资信、工程造价甲级资质、工程招标代理甲级资质、政府采购招标代理甲级资质等一系列资格的综合性工程咨询单位，形成具有政策咨询、规划咨询、工程咨询、投融资咨询、项目管理、工程监理、工程造价、对外交流等方面的业务群，不仅在国内能满足群众需求，更是作为国际品牌打响中国创造。

## 二、工程咨询行业在营商环境改革前存在的问题

工程咨询行业在营商环境改革前的发展是不平衡不充分的，极大地制约了各咨询品牌价值建立及行业整体发展，主要问题如下。

1. 营商环境不能满足工程咨询行业供需不平衡的矛盾

受制于审批时间过长，审批手续过多，导致行业内多数咨询单位仍以传统分段式服务为主，业务覆盖领域单一，业务链条不全，与客户渴望高质量咨询服务需求相矛盾。2018年10月，习近平总书记视察广东，来到广州荔湾区西关历史文化街区永庆坊沿街察看旧城改造、历史文化建筑修缮保护情况。习近平总书记指出，城市规划和建设要高度重视历史文化保护，不急功近利，不大拆大建，要突出地方特色，注重人居环境改善，更多利用微改造这种"绣花"功夫，注重文明传承、文化延续，让城市留下记忆，让人民记住乡愁。这对新时期城市规划和建设提出了一个很高的要求，需要从政策研究、发展规划、专项设计、文化保护、工程建设、社会管理等方面同时着力，而实施主体属地街道由于缺乏专业人才与实施经验，未能有专业机构能提供一体化服务，保证实施效果与进度。

2. 形式主义的审批思维导致价格恶性竞争

受限于历史行政审批思维约束，过往多数工程咨询成果定位为仅满足业主审批需求，可行性研究沦为可批性程序需要，造成工程咨询单位产品目标单一、内容相似，各咨询品牌价值雷同，原本从质量、业绩、价格等多维度综合考量的市场竞争演变为无差异化的价格恶性竞争，严重打击了各咨询从业人员在咨询理论方法研究、成果质量控制等方面的探索和培养，约束了自身品牌价值打造。

3. 传统营商环境破坏了社会对工程咨询的行业认同

传统以"稳定"为单一目标的营商环境让工程咨询不敢说真话。"先咨询、后决策"原则未能始终如一贯彻。这导致一方面工程咨询行业还没有在社会上和各决策层中确立应有的地位，社会各界对工程咨询的概念不清。另一方面，工程咨询服务质量的高低直接关系着工程质量，要求咨询

单位做到多谋慎断和敢讲真话。但不少工程咨询单位迫于业主和市场的压力，为迎合业主要求而致客观公正的工程咨询职业道德于不顾，主观地选择性编制咨询报告，也大大削弱了社会对工程咨询行业的认同感。

4. 地方本位主义导致工程咨询过分专注本地业务

传统咨询单位大部分从原地方发改系统转制而来，主要业务围绕地方政府及客户需求而开展，对当地社会经济情况、客户需求较为熟悉，因此也形成了对所在地客户的依赖。对区域外市场容量、竞争环境、客户需求不熟悉，造成了区域外业务难于开展从而过分专注本地业务。

## 三、深化营商环境改革促进工程咨询行业品牌释放新活力

1. 政务服务优化推动全过程咨询发展

国家相关部门先后发布了《工程咨询行业管理办法》（国家发改委2017年第9号令）、《关于促进建筑业持续健康发展的意见》（国办发〔2017〕19号）、《关于开展全过程工程咨询试点工作的通知》（建市〔2017〕101号）等一系列鼓励开展全过程工程咨询服务的文件。2019年3月，国家发改委和住建部联合发布了《关于推进全过程工程咨询服务发展的指导意见》（发改投资规〔2019〕515号），提出在房屋建筑和市政基础设施领域推进全过程工程咨询服务发展。至此，项目建设领域发展全过程工程咨询基本成为主管部门、投资业主和从业咨询机构的共识。发展全过程咨询，整合现有工程咨询、工程监理、工程造价、招标代理、工程设计等业务，打造全产业链优质品牌，适应新时期客户需求利用多年积累下来的品牌效应，利用市场对国字号的信任，擦亮国字号咨询这个牌子，焕发老城市新活力。

2. 助力工程咨询行业拓宽品牌覆盖广度

根据国务院办公厅发布《国务院办公厅关于促进建筑业持续健康发展的意见（国办发〔2017〕19号）》，要培育全过程工程咨询，鼓励投资咨询、勘察、设计、监理、招标代理、造价等企业采取联合经营、并购重组等方式发展全过程工程咨询，培育一批具有国际水平的全过程工程咨询企

业。由此，传统综合咨询公司可以采取与投资咨询、勘察、设计、监理、招标代理、造价等企业进行联合经营，或以并购重组等方式发展全过程工程咨询。比如与大型国有建筑总承包公司，或与大型设计院联合经营，能起到业务版块互补，强强联合的作用，从而达到贯通上下游业务链条，拓宽品牌覆盖广度。

3. 下放行政审批权力，打通横向资源共享

随着行政审批权力的下放，形成统筹性的服务平台，跨越区域的束缚，形成跨行政区域的咨询服务平台网络。全国主要省份和城市都有大型综合工程咨询单位，各单位在各自地区积累了丰富的业务发展经验。通过统筹性平台，工程咨询单位能够加强同行横向资源共享，将各地方"闲置"的业务发展经验进行共享，以形成行业内真正的"抱团取暖"，促进彼此共同发展。同时，在经验获取的同时，结合外地业务需求，整合项目地所在区域资源，设立属地分支机构拓展外地市场，提高服务响应效率，增加客户黏度。

4. 借"一带一路"东风，拓展海外市场

优势工程咨询单位应积极响应国家关于"一带一路"建设倡议，整合优势资源大力拓展海外市场，大幅提升品牌价值，利用品牌价值溢价对国内市场进行差异化竞争，提升工程咨询品牌的活力，促进工程咨询行业迎来春天。

（池卓轩）

# 打造国际科技创新中心的法治化营商环境

　　法治是最好的营商环境，是城市的核心竞争力，是市场经济的内在要求，也是市场良性运行的根本保障。当前，在全球新一轮技术革命加快推进的背景下，广州在推进国际科技创新中心的中面临新的机遇和挑战。广州应按照习近平总书记的指示，率先加大营商环境改革力度，在现代化国际化营商环境方面出新出彩，从制度、市场、政务、投资和创新诸维度或环节，进一步打造国际一流的法治化营商环境，为打造国际科技创新中心提供保障。

## 一、广州建设国际科技创新中心的目标愿景

　　广州作为"改革开放先行地"，多年来持续加强国际商贸中心、综合交通枢纽建设。2018年广州制定《建设国际科技产业创新中心三年行动计划（2018—2020年）》，提出"高水平建设国家创新中心城市，强化国际科技创新枢纽功能，促进国家自主创新示范区、国家自由贸易试验区和全面创新改革试验核心区联动发展，打造科技之城、创新之城、机遇之城，加快建设国际科技产业创新中心"。按照《粤港澳大湾区发展规划纲要》对广州创新发展的定位，共建粤港澳大湾区国际科技创新中心被确定为重要发展目标。近年来，广州推进科技创新成就显著，由世界知识产权组织等联合发布的《全球创新指数报告》显示，广州在全球创新集群百强中的排名连续3年大幅上升，2019年跃升至第21位。而根据2018年《自然》全球科研城市50强排名，广州居第25位。创新能力得到国际权威机构的肯定，反映出广州科技创新事业基础雄厚、亮点纷呈、前景广阔。当前，广州正按照"科学发现、技术发明、产业发展、生态优化、人才支撑"的全

链条创新发展路径，打造具有广州特色的科技创新体系。

## 二、广州科技创新法治保障情况

科技创新离不开法治保障，法律制度本身不能带来制度的进步和生产力的提高，但是制度的合理安排和规则的合理设计却对科技和产业的发展影响巨大。美国1980年的《拜杜法案》通过法律制度的设计和规则条款，极大提高了生产力。日本的科技发展领先，其法律先行，特别是政府的重视以及采取各种各样的协调措施促进科技发展，是非常主要的方面。从国内的兄弟省市来看，也有许多经验可借鉴，比如《深圳经济特区科技创新促进条例》《上海市科学技术进步条例》《天津市促进科技成果转化条例》《重庆市科技创新促进条例》等，对科技创新均予以高度重视，并促进了地区科技创新事业发展。上海市委、市政府《关于加快建设具有全球影响力的科技创新中心的意见》明确提出强化法治保障，从立法到行政管理、行政执法到司法，特别提出实行严格的知识产权保护。

广州也已经出台了一系列的科技创新相关法规及规章。1999年出台《广州市科学技术普及条例》，2012年12月26日，广州市第十四届人大常委会第九次会议通过《广州市科技创新促进条例》，2014年出台《广州市科学技术奖励办法》，2015年出台《广州市科技企业孵化专项资金管理暂行办法》，2015年出台《广州市技术创新专项资金使用管理办法》等法规规章。昭示广州科技创新促进工作进入依法管理阶段，也明确了加快建设科技创新型广州是构建面向世界、服务全国的现代化国际大都市的核心战略，有力推动了广州科技化、创新化建设的步伐。在政策层面，广州市委、市政府及相关职能部门制定科技创新"1+9"政策体系，出台"广州科创12条"，进一步完善科技创新法规政策体系，法规政策支持创新的效果日益显现。

但是其中也存在一些短板，如科技法规政策之间缺乏有机的衔接和配合；科技政策和科技资源分配方面的立法薄弱，有关技术创新、技术评估、资源分配等方面立法有待进一步加强；政府、高校、企业的协同创新制度不够完善。同时，尽管体现了对保障科学技术研究开发的自由和鼓励科学探索技术创新等思想，但有些制度规定过于原则，配套不完善，缺乏具有约束力的量化指标，可操作性不足。科技创新与侵权纠纷之间的矛盾也日益增加，侵犯知识产权的现象屡有出现。此外，科创法治宣传普及不够，宣传覆盖面不够宽，创新主体运用法规制度的意识和能力不足。

## 三、为建设国际科技创新中心提供全方位的法治保障

### （一）加快简政放权，打造透明高效的法治化制度环境

1. 要强化法治保障的系统化安排

全面推进科技创新法治保障涉及很多方面，必须要有总揽全局、引领各方的制度机制总体部署。要坚持发挥党委的领导核心作用，研究确定我市科技创新及保障的核心战略；落实政府责任，完善科技创新重大决策机制，加强对重大科技政策制定、重大科技计划实施和科技基础设施建设的统筹决策；加强各职能部门的协调联动机制，确保各项措施落实到位；充分发挥智库等专业机构的综合咨询和专业评审作用，拓展公众参与机制，扩大院校、科研机构、企业参与的范围。

2. 完善地方性法规和相关制度及配套措施

认真做好改革决策和地方立法的衔接，推进营商环境建设由"实践探索"向"立法规范"升级。抓紧研究制定《广州市推进科技创新中心建设条例》，起到保障和促进科技创新中心建设的引领性、总纲性作用。立法过程中，应通过总结原有各项制度供给的有效措施以及存在的瓶颈问题，建立与国际科技创新中心建设相适应的配套体制机制，营造最大限度激发科技创新的环境和保障措施，引导和鼓励社会各方面参与科技创新中心建设。特别要大力推进穗港澳法律规则对接，参照共同参加的国际条约和国际组织的规定以及国际通行惯例，在经贸保护、金融合作、专业服务、知识产权保护、纠纷解决等法律法规和规章制度方面和港澳法律体系全面对接，尽可能形成统一适用的法律规则，促进各类创新要素无障碍跨区域流动并得到保护。

3. 加强简政放权深化法治政府建设

创建全国法治政府示范城市，完善市场经济法治，进一步改善营商制度环境。拓宽企业参与立法渠道，建立涉企法规规章主动向企业家和行业协会征求意见工作机制，以及意见采纳沟通反馈机制。健全依法决策机制，建立合法性审查标准体系，完善行政规范性文件和决策合法性审核和备案审查机制，加大备案审查力度。开展"放管服"改革、"证照分离"改革、保障民营经济健康发展等领域的规则规范性文件清理工作，及时提出修改和废止建议。推行完善行政执法公开制度，细化制定行政执法公示制度、执法全过程记录制度、重大执法决定法制审核制度任务清单。减少行政审批事项，推动由行政分权向市场放权转变，由部门放权向社会放权转变。实施信用分级监管、新经济"包容期"管理等新型监管模式，推进要素市场化配置体制机制改革，保障民营企业平等获得生产要素和政策支持。

## （二）强化市场监管，打造规范有序的法治化市场环境

1. 强化科技创新法律法规的准确严格实施

科技创新需要知识产权法保障，以有效保障创新主体的权益；需要反垄断法和反不正当竞争法保障，以维护自由竞争和公平竞争；需要财政法保障，能否形成财政补贴、预算支出、转移支付、政府采购等诸多有效制度安排，以既能够保证预算的严肃性，又能保障科研的自由度，意义重大；需要税法保障，对创新行为、创新成果实施的税收优惠，以及土地、房产等方面的优惠，都是对科技创新的重要促进；需要金融法保障，无论是对金融交易行为的规范，还是对金融调控行为和金融监管行为的制度安排，金融法与科技创新的融资环境、投资安全和资金保障密切相关。因此，科技创新法治保障绝不是仅仅围绕科技创新制定地方法规政策就可以了。必须要保证有利于科技创新的各项法律法规在广州得到有效实施，特别要运用法治思维、法治理念、法治方式保障创新主体的合法权利。同时坚持违法必究，对于违反相关法律法规的各种行为，都要毫无例外地予以追究和惩罚，确保科技创新始终在法治轨道上得以健康蓬勃发展。

现代化国际化营商环境出新出彩

第二篇　分论

2. 提升信用监管效能

依托"互联网＋监管"系统，设立市场主体信用"黑名单"制度，构建"一处违法、处处受限"的联合惩戒机制。加快新一代信息技术在市场监管领域的推广应用，建立健全产品安全生产及质量追溯体系，加强对风险事项的跟踪预警和对重点领域的全流程监管水平。积极消除各种行业壁垒和地方保护，全面推行权力清单、责任清单、市场准入负面清单制度，进一步加强统一开放高度透明的市场建设，维护公平竞争秩序。建立公正严明的行政执法体系，完善行政执法部门执法程序，全面落实行政执法责任制度，严格对行政权力的制约和监督。严格公正司法运行体系，不断提高与企业发展直接关联的合同执行、企业破产、保护中小投资者、知识产权侵权保护等案件审判质效。加强市场信用体系及企业信用平台建设，建立健全守信践诺机制和失信惩戒制度。

**（三）提高服务标准，打造亲商便民的法治化政务环境**

着力打造与全球管理通行惯例和国际规则高度一致的政府服务体系，对标世界一流，争创政务环境"广州样本"。优化企业服务体系，培育发展行业协会、商会等经济类社会组织，壮大各类专业服务机构。加强政务服务标准化体系建设，推进流程清晰、要素固定、权责明确的无差别标准化审批。推行集成式一体化审批服务，提升行政服务大厅、在线审批平台、政策查询平台、项目申请平台等服务效能，加快推广审批服务"马上办、网上办、就近办、一次办"，实现各类行政审批事项和公共服务"一窗受理""一网通办"。建立全市统一的智慧政务平台，推动跨领域、跨部门、跨层级的信息资源共享，加快各种新技术手段在政务服务中的应用，让数据多跑路、群众少跑腿，提升企业办事便利度和获得感。

**（四）接轨国际规则，打造自由便利的法治化投资环境**

构建更加开放和发达的投资贸易平台，优化自由便利、透明高效的投资贸易体制，加快形成对外开放新格局，打造更具国际竞争力的投资环境。根据粤港澳大湾区规划纲要，加快推进与国际规则接轨，特别是尽快实现与香港、澳门两地规则、标准、监管、法律体系等要素的互联互通。加快推进南沙自由贸易区外商投资准入负面清单等开放举措全面实施。全面深化"放管服"改革，打造法治化、国际化投资环境，推进投资便利化。加大对外商投资保护，实施外商投资法，建立健全外商投资投诉工作机制，及时协调解决企业反映的问题。不断优化外商投资服务体系，为外商投资者和外商投资企业提供更多更好公共服务。加快跨境贸易全流程再造与无纸化通关，提高作业效率，推进单一窗口全覆盖，创新跨境贸易智慧通关新模式，打造公开透明可预期的通关环境。加强涉外法治专业人才培养，积极发展涉外法律服务，强化企业合规意识。为高水平对外开放提供坚实法治保障和服务。设立创业投资奖励基金，营造优良投资环境，鼓励更多资金投入到实体经济中。

### （五）加大政策扶持，打造要素齐全的法治化创新环境

大力推进基于大数据的广州市创新中心建设，打造具备广州特色的创新文化，在全社会营造尊重创新、勇于创新的法治化创新环境。完善高端人才引进机制，根据人才和用人单位需求建立科学的评估指标体系，开展人才引进法治环境评估，从制度细节上优化人才引进模式。大力促进科技与金融的深度融合发展，合理引导社会资本进入创新领域，提高创新融资便利化。建立健全高校、科研院所面向市场的专业化成果转化机制，改变创新回报模式，支持竞争前技术开发，加大对"众创空间""科技孵化器"等平台的支持力度。切实严格保护知识产权，严厉打击不诚信的商标攀附、仿冒搭车行为，不断优化有利于创新的法治化营商环境。

（蒋泓　祝友军）

# 优化创新创业生态环境
# 深化粤港澳青年交流合作

## 一、粤港澳大湾区青年人才基本现状

在国家的高度重视下，粤港澳大湾区已初步具备建设创新人才高地的雄厚基础与优势。中国社会科学院发布的《四大湾区影响力报告（2018）：纽约·旧金山·东京·粤港澳》指出，粤港澳大湾区的经济影响力位列四大湾区之首，但是对于人才的数量和质量仍与世界其他三大著名湾区有明显的差距。其中表现为粤港澳大湾区开放程度最高的三个城市国际人才（外籍人口）占常住人口比例分别仅为广州为0.2%、深圳为0.36%、香港8.6%，远低于硅谷（50%）和纽约（36%）；人才质量不高还表现在粤港澳大湾区内高层次人才数量不足，区内受教育程度为本科及以上的劳动力占全体劳动力的比重仅为17.47%，远低于旧金山湾区（46%）、纽约湾区（42%）和东京湾区（36.7%）。根据调研青年创业者的创业顾虑，结果显示，31.4%在内地创业港澳青年企业家觉得在穗创业存在"员工招聘和管理困难"。另一方面，根据对在粤的港澳青年进行访谈，普遍对在内地就业的薪酬待遇差异、住房问题等存在不适应。总体而言，粤港澳大湾区青年人才全局化统筹和融通在目前看来还未形成发展态势。粤港澳大湾区作为国家战略部署，青年人才的自由流动、互补使用、相互促进是驱动其整体发展的重要因素，因此青年人才融通亟须通过政策引导、机制运用、文化吸引等一系列的土壤优化促使其尽快形成趋势。

## 二、港澳青年在穗创新创业存在的问题

### （一）在制度差异、文化认同方面影响了来穗"双创"积极性

港澳的保险和医疗制度与内地不一致，港澳青年在穗就医和社会保障不完善，降低了港澳青年来大湾区创新创业的积极性。港澳青年的乡土意识、生活习惯、宗教信仰、语言等都有待进一步融入中国传统文化体系。港澳地区在新一轮的发展中产业转型升级较慢，经济发展新动力不够亮眼，逐步被内地城市赶超。各方面因素的综合在一定程度上抑制了港澳青年的自我认同，降低了来大湾区创业生活的热情。

### （二）扶持政策繁多分散，宣传和申报支持平台有待健全

省、市、区各级部门出台了各类优惠政策，但知晓率和应用率不高，高达36.2%的受访者认为"政策宣传力度不够"。一是政策宣传的渠道和方式不能够迎合港澳青年需要，目前政策宣传主要通过印制手册、下发通知等传统方式，港澳青年认为短视频、邀请青年喜爱的明星线上宣传、公益广告等更容易受到关注。二是政策分散在各个部门，申报要求和条件不一，对政策条文理解不透，申报流程过于繁琐。28.6%的受访港澳青年认为"审批办事手续繁琐、效率低下"是当前广州营商环境中最主要的问题。

### （三）融资渠道有限，支持措施不多

在穗港澳青年创业资金单一地依赖初级社会网络，进行信贷、金融类机构融资等的比例较低。数据显示，在穗港澳青年创业的启动资金向政府贷款、金融服务机构融资或私人借款的比例均为0。在融资方面，一半以上的受访者表示没有进行过融资。部分港澳青年由于没有内地身份证无法办理银行账户，且内地信用评估体系和港澳并不完全互通，导致他们在办理创业融资时存在一定障碍。

### （四）生活配套支撑不够完善，在内地生活仍有不便

根据调研港澳青年对于广州生活和创业环境"非常满意"率的排序，依次是购物餐饮（26.70%）、文化氛围（25.70%）、社会治安（25.70%）、市容市貌（22.90%）、公共交通（20%）、创业环

境（20%）、文体娱乐（18.10%）、居住条件（17.10%）、医疗保障（15.20%）、营商环境（13.30%）、教育水平（13.30%）、税务政策（8.60%）。港澳青年了解广州的政策和环境缺乏统一的窗口，工商、税务等流程繁琐，办事指引并不是十分清楚，多要奔走于多个部门，消耗了大量开拓市场和认识广州的时间精力；针对港澳青年的创业培训和沙龙活动较少，难以形成聚集效应；港澳一次性临时牌照需要预先申请，难以应对临时会议和出差需求。以南沙自贸区为例，由于创新创业基地建设时间较短，尚未成熟，存在硬件设施不够齐全，周边配套和教育资源不够完善，对项目的科技支撑和智慧程度不足，入驻率和孵化成功率不高。港澳青年来穗主要通过乘坐动车和大巴，广州南站离南沙区较远，且交通成本偏高，降低了港澳青年来穗的热情。"青创公寓"等建设力度不够，还不能完全解决港澳青年落户的住房问题。

### （五）缺乏协调机制，三地体制的差别化互补优势未能发挥

由于粤港澳大湾区三地的体制不同，因而所产生的人才引进、使用、评价等方面的机制也不尽相同。在"一国两制"体制框架下，粤港澳的社会制度不同，法律制度不同，分属于不同关税区域。目前制度的差异使人才协同效应未能很好地发挥，主要体现在政策的兼容未能达到预期效果，根据对服务提供者进行问卷调查结果显示：仅有8.8%的服务提供者对粤港澳大湾区的发展计划非常了解，有47.1%的服务提供者比较了解，32.4%的服务提供者对发展计划不太了解，还有11.7%的被调查者对大湾区发展计划完全不了解。对创业青年进行问卷调查结果显示：仅有5.6%的创业青年对粤港澳大湾区的发展计划很了解，有42.7%的创业青年有一些了解，还有30.3%的创业青年不太了解，完全不了解的占比21.4%。这在一定程度上说明创业青年目前对粤港澳大湾区的关注程度和政策的出台对青年的影响力较低，粤港澳大湾区的优势和发展机遇未能在体制机制上取得突破，未能激发青年的创新创业的活力。

由于粤港澳三地的体制不同，同样也面临着机制不畅通的障碍，主要体现在人才出入境的便利程度、行业规范标准、专业资格互认、科教资源共享和信息互通上、社会公共服务衔接等方面。如果不从根本上解决这些

机制障碍，粤港澳大湾区人才协同发展就会停滞不前，就会停留在理论层面而难以落地实施。

### （六）缺乏融通机制，在引进人才和使用人才方面重刚性引才，缺少柔性对接

《2018年全球人才竞争指数报告》数据显示：粤港澳大湾区城市上榜仅有深圳和广州，人才竞争力指数排名分别位居全球73位、77位，而旧金山、东京和纽约等城市稳居全球前30名。在近年来出台的引才政策上看，无论是广州市的引才计划还是区一级的扶持计划，均侧重"引进来"的刚性需求，对创新机制进行人才的融通方面较为缺失。因此尽管政策很多，但是问卷调查结果仍显示：专业技术人才和专业知识技能被迫切需要，有87.5%的青年认为他们的企业缺乏人才。具体缺乏的人才类型有营销人才、技术研发人才和企业管理人才，分别占比66.7%、61.9%和47.6%。同时由于创新机制的缺失，大学毕业的专业技术青年人才在就业的选择上对薪酬水平和社会福利的硬性指标就越加凸显，而广州的就业市场在硬性指标的对比下显得缺乏竞争力。

### （七）产学研一体化平台少，初创型企业的科技转化平台和配套服务不足

尽管目前广州市已建立港澳台青年创新创业基地逾28个，累计落户港澳台团队273个，但是创新程度高、引领高质量发展的基地和平台仍较少。粤港澳大湾区拥有高等院校160所，高校数量是发展要素相近的旧金山湾区2倍多；但是从大学排名和创新科研能力对比上，粤港澳大湾区的人均高等教育资源远低于旧金山湾区。不难看出，粤港澳大湾区高等教育科研一体化和转化能力未能发挥出区域优势，表现在一是一流大学科研成果的支撑仍较少；二是转化的载体质量和能力还有待加强。

### （八）城市间的排他性抢人才竞争过热，城市间的互补性软对接不足

由于城市间的发展存在同质性竞争趋势，特别是有相近竞争能力的大型城市近年来对人才的竞争更是呈现白热化的程度。同在内地的广州和深圳作为粤港澳大湾区的重要城市，相互毗邻，人才的竞争表现在引才政策

的相似性，高科技人才的稀缺性竞争等方面，使得青年人才的创业就业选择在城市间呈现"非此即彼"的排他性竞争。

## 三、优化港澳青年来穗"双创"生态环境对策建议

### （一）推动港澳青年来穗的全面国民待遇

在遵守宪法的基础上，加快推进在制度和法律层面减少和降低港澳青年因地域身份限制导致的来穗创业生活时面临的各类限制因素，保障来穗港澳居民享受当地市民待遇，在医疗、交通、教育和住房等方面推进政策兼容，如提升港澳车牌来大湾区的申请方式智能化，采取电子化申请或建立绿色通道等方式提升往返交通便利性；将港澳青年纳入广州的社保体系，为港澳青年来穗跨境医疗提供方便；加快大湾区城市的征信体系建设和兼容，在申请贷款、信用卡等方面提供便利；推进两地高校之间合作，引进港澳大学来内地办学或开设分校，积极开展港澳青年来穗实习，促进港澳青年在穗就业的便利化。

### （二）全面提升港澳青年对中华民族文化的认同感和归属感

推动大湾区青年、社会团体之间的文化交流与合作，组织实施"穗港暑期实习计划""穗澳暑期实习计划""青年同心圆计划"等穗港澳青年交流合作项目，定期举办穗港澳青年交流周、人才交流会、职业训练营、创新创业交流营等丰富多彩的活动，开展以大湾区建设和国家发展为主题的论坛和研讨会，在交流合作中增进互信和共识，不断提升穗港澳青年对中华命运共同体的认同感。

### （三）健全工作机制，统筹制定港澳青年来穗创新创业政策

一是建立统筹协调大湾区青年创新创业工作机制。实行大湾区（广州）港澳青年创新创业联席会议制度，由市领导牵头，成员单位涉及港澳青年来穗创业和生活发展的相关部门、各区，定期召开会议，统筹规划港澳青年来穗发展工作，统筹全市支持港澳青年来穗发展的各类政策的制定、公开发布和宣传，打造全市港澳来穗政策和信息的统一发布平台，申报和补贴发放的一站式运营平台，强化各部门协调，对现有的与港澳来穗

生活发展相关的政府信息按政策类、行政事务类、法律法规类进行分类整合，简化申报流程，制作清晰指引。二是为港澳青年创新创业提供一站式政务服务。相关部门应建立港澳青年专门咨询和办理窗口，开通"绿色通道"，简化申报流程，提供一站式政务办理服务，实现港澳青年商事登记服务随来随办、即来即办，努力为港澳青创企业提供商事登记服务、企业帮办、政策兑现等无偿性政务服务，一揽子解决港澳青年来穗发展难题。三是创新政策宣传方式方法。精细化梳理政策内容制作成短视频、公益广告等港澳青年喜爱的题材，借助网络、电视、微博、微信等多渠道和全方位宣传，提升政策知晓率和应用率。

### （四）积极拓宽港澳青年来穗创业的融资渠道

一是强化政府资金支持，推动政府在银行信贷、政策性贷款、创业补助等方面给予港澳青年来穗创新创业支持。完善大湾区城市之间的征信体系互认互通机制，保障港澳青年来穗创新创业获取银行信贷和政策性贷款的便利，出台各类支持港澳青年来穗就业创业、生活发展的补贴类政策，为来穗港澳青年尤其是初创青年提供启动资金支持。二是推动建立港澳青年创新创业发展基金，由政府出资作为母基金，采取社会化募集的方式作为子基金，引进基金专业机构运营管理，借助"青创杯""科创杯""赢在广州"等创业赛事平台遴选优秀港澳青年创新创业人才，针对港澳来穗创新创业青年人才根据项目情况给予创业资金支持。三是多渠道提供融资，如完善中国青创板——广州U创板，推荐优秀港澳青创项目挂牌展示融资，依托"青创杯"广州青年创新创业大赛等赛事平台设立港澳赛区，常态化开展港澳青年创新创业项目投融资对接会、项目路演、项目打磨等活动，邀请知名投资机构、孵化基地、企业等负责人与项目进行对接，提供多渠道的项目融资。

### （五）完善港澳青年来穗生活发展的配套支撑

积极为港澳青年来穗发展在咨询解答、办事指引、往返交通、硬件设施、基地建设、住宿和税务等方面给予全方位配套支持。一是打造港澳青年了解广州政策、环境的统一窗口，完善咨询和办事指引的智能化与网络支撑，帮助港澳青年线上线下及时、迅速、便捷地了解广州的政策、

现代化国际化营商环境出新出彩

第二篇 分论

环境、教育、住房和医疗等信息。二是加快推进大湾区交通便利化，为港澳青年往返提供多样化交通工具。三是加快建设一批面向创业不同发展阶段、分层分类的港澳青年创新创业基地，强化基地建设、认定与管理，完善项目转介和孵化功能，依托基地为港澳创业青年提供免租减租入驻、硬件配套服务、资金支持、活动参与、政策对接、项目打磨、导师辅导、创业培训、政务代办等一站式服务，免除港澳青年在穗创新创业的后顾之忧。引进港澳等地的孵化器运营团队，结合港澳青年来穗创业的实际情况，打造孵化模式和管理办法，为港澳来穗创业青年提供贴心服务。四是加强"青年人才公寓"建设，在来穗港澳创业青年聚集的周边地区，打造一批生活设施齐全、多功能、便利化的贴心公寓，强化公寓周边的交通、生活、娱乐的配套建设，鼓励港澳青年在穗创新创业、生活发展。五是推进针对港澳来穗创新创业的青年在企业和个人所得税上实行"港人港税""澳人澳税"，优先在南沙自贸区逐步放开行业限制，针对港澳来穗青年创业企业给予15%的企业所得税优惠，针对港澳来穗就业的青年比照港澳抵个税纳税，对于港澳来穗的稀缺人才和急需人才给予各类个人税收优惠政策。六是在医疗方面，推动医疗和保险在两地的合作，支持港澳在内地设立各类医疗机构，为港澳青年在穗就医提供方便。

**（六）发挥制度优势，重点推进协同发展**

广州要进一步发挥国家中心城市和综合性门户城市的引领作用，主动创新性地开展相关协调工作，协调港澳地区建立粤港澳大湾区青年创新中心，建设协调机制，统筹研究解决大湾区青年创新创业的发展重大问题，从政策设计、制度设计、机制设计等全方位进行有效突破，将"一国两制"的优势化为竞争优势，立足"分工不分家"的协作理念，避免各区域重复建设、同质发展和恶性竞争。灵活用好香港、澳门的制度，对接全球先进创新理念和科研成果，用好内地的保障机制，稳定对接市场和产业，形成协同效应，创建破除体制机制障碍的平台，把体制机制，障碍转为优势，发挥好三地各自在青年人才培育上的优越性。

**（七）优化机制障碍，打造融通平台**

广州作为改革开放的前沿阵地，要进一步发挥敢为人先的创新精神，创建人才融通平台，运用不同的机制优化人才土壤，包括先进的猎头公司服务，优质的创业培训技能，孵化创新型企业的优质平台，搭建人才体系的中介服务等，同时发挥金融服务支持人才发展的功能，建立人才基金。通过政府政策支持，平台功能搭建，市场引导实现从而使得人才的融通达到自发、自行融合，最大地发挥协同效应。

### （八）发挥国有企业优势，打造科技成果转化平台

充分发挥广州市国有企业的作用，构建产学研科技成果的转化平台。目前，粤港澳大湾区进入世界500强的高校一共有8所，其中广州2所，香港有6所。香港地区的入围院校在生物医学、云计算、纳米材料等方面具备了技术领先的优势，但这些科技成果的转化率和产业化水平较低，不仅没能充分发挥对传统产业的转型升级、新兴产业的培育发展的作用，本领域的产业化发展也非常有限。在此情况下，广州如能充分发挥好国有企业的中坚力量，通过两地院校深度合作，校企合作等方式组建产业转化平台，吸收专业化的青年团队，支持在校青年建立创新中心。企业从资金和产业转化等方面进行投入，促进青年创新的成果转化。另一方面也可以通过政策引导，支持国有企业投资具有创新潜力的青年创业项目，鼓励青年以技术入股等方式进行内部创业，进一步丰富青年人才的复合使用。

### （九）消解城市不良竞争，发挥互补效应

倡导多元融合理念，鼓励多地区青年人才汇聚融合发展，充分发挥城市间的互补作用，广州和深圳作为广东省参与粤港澳大湾区建设的重要城市，创新性地开展制定柔性人才政策，破除城市人才排他性的竞争，将城市间"抢人才"的竞争化为"共享人才"的互补。从分配机制、社会保障体系、人员流通机制等方面制订方案，为青年人才在城市间自由融通提供政策保障和融通机制。广州可着力打造粤港澳大湾区人才创新融通平台，实现青年人才创新成果在城市间进行共享互惠；研究"大湾区认证绿卡"，给予青年人才充分融合流动的便利机制，促进青年人才在大湾区城市间创业就业的便利性。

**（十）宣传好符合城市定位的城市调性，以城市魅力吸引人才集聚**

城市的调性是一个城市的政策导向、文化积淀、人文风情汇聚而成的独特风格。青年人才的集聚其中一个重要原因是文化环境因素。广州应发挥好粤港澳大湾区城市群历史文化名城的作用，引导社会青年团体集体参与共治共建，深挖城市文化积淀，通过对"老城市新活力"的文化演绎，突出其在粤港澳大湾区的文化符号影响，用文化名城的历史积淀与深圳的科技创新文化形成双轮驱动、比翼双飞的局面，从而吸引各类人才的集聚。

（涂家朝　李荣新　吴朗　黄婷　黄羡羡）

附　录

# 《广州市推动现代化国际化营商环境出新出彩行动方案》

为深入贯彻落实习近平总书记关于广州率先加大营商环境改革力度、在现代化国际化营商环境方面出新出彩的重要指示精神，率先对接国际先进营商规则，打造具有全球竞争力的营商环境，推动广州现代化国际化营商环境出新出彩，着力建设国际大都市，制定本方案。

## 一、行动目标

紧紧扭住粤港澳大湾区建设这个"纲"，对表对标最高最好最优，聚焦企业和群众最关切的环节，着力减流程、减时间、减成本、优服务，解决营商环境最突出的问题，以改革实效更大程度激发市场活力，增强内生动力，释放内需潜力；以"数字政府"建设加快促进政府职能转变，提升政府服务效能，推动治理体系和治理能力现代化。2019年构建更有效率的企业全生命周期服务体系，营造更有吸引力的投资贸易环境，营商环境显著提升；2020年争取与国际先进营商规则初步衔接，营商环境位居全国前列；到2022年营造国际一流营商环境，打造现代化国际化营商环境"广州样本"。

## 二、主要任务

### （一）开办企业

实施新一轮商事制度改革，创新商事登记模式，推动"人工智能+机器人"全程电子化商事登记全业务、全流程、全区域覆盖，全面提升开办企业时效，推动企业"准入""准营"同步提速。2019年将全市开办企业时间压减至1个工作日内，2020年压减至0.5个工作日内。

1．全面提升开办企业时效。推行开办企业"一网通办、并行办理"，优化部门间数据联动共享，实行线上线下"全渠道"快速商事登记、"全网办"刻章备案和新办纳税人"套餐式"服务模式，推动全程电子化商事登记全覆盖。

2．实施"证照分离"改革。2020年对所有涉及市场准入的行政审批事项按"证照分离"模式，推动实行直接取消审批、审批改备案、实行告知承诺、优化准入服务等分类管理，实现"照后减证"和"准入""准营"同步提速。

3．创新商事登记模式。在黄埔区试点"区块链+商事服务"模式，探索打造共享式登记模式。在有条件的区复制推广越秀区实现企业开办最快一天的典型经验做法。在南沙自贸片区深化"一照一码走天下"和商事登记确认制改革。

**（二）办理建筑许可**

进一步深化工程审批制度改革成果，精简审批环节，减少审批时间，提高审批效能。2020年实现政府投资项目从立项到办理施工许可控制在78个工作日内；社会投资项目从签订土地使用权出让合同到办理施工许可控制在28个工作日内。

4．对工程建设项目审批制度实施全流程、全覆盖改革。持续推进全流程网办，提高审批效能。综合区域评估、多规合一等相关联的改革，将技术审查过程纳入监管范围，取消建筑施工噪声排污许可证核发、白蚁防治工程验收备案、招标文件事前备案，取水许可审批调整至开工前完成，探索"一套图纸"贯穿项目建设全流程，实施全程免费代办服务。

**（三）不动产登记**

着力打造全国一流的不动产登记政务服务品牌。预告登记、抵押权注销登记等13项业务1小时办结，企业不动产转移登记、变更登记、一般抵押登记当日办结，其余业务4个工作日内办结。2020年全面推行不动产登记网上申请，继续增加1小时办结业务种类。

5．减少登记环节。将办理不动产登记压缩为"签订合同与申请不动产登记缴纳税费、领取不动产权证书"两个环节。设置企业服务部门（窗口），建立总部企业、优质企业绿色通道，专岗专责对接涉企业务。

6．减少申请资料。推进"一表"申请，企业可以单凭申请表办理不动产登记业务。推广"e登记"服务品牌，扩大网上申办业务范围，实现办理抵押登记"零跑动"。建立"不动产登记+税务+民生服务"一体化服务专窗，整合线上平台，共享信息数据。

7．实行容缺受理。企业或代理人书面承诺在10个工作日内补齐欠缺资料的（涉及权属争议的除外），不动产登记部门可以先行容缺受理。

8．提升土地管理质量指数。通过人脸识别，实现不动产登记资料查询"零跑动"。实时更新不动产宗地及其附图、不动产登记信息等数据库。健全土地权属争议调处机制，开放法院已判决土地纠纷案例等信息查询。

### （四）缴纳税费

深入开展"互联网+税务"行动，完善电子税务局功能，逐步实现网上办税业务全覆盖，着力打造国内税收营商环境新标杆。纳税人办税资料再精简25%以上，实现70%以上涉税事项一次办结，新办企业税务信息确认和首次申领发票时间压缩至1个工作日。

9．提升税费缴纳便利化水平。制定5大类128项涉税费事项"一次不用跑"清单，简化办税流程。推行增值税纳税人"一键申报"，实现发票数据自动汇总和申报表数据自动生成。健全电子税务局功能，实现文化事业建设费等10项非税收入业务全程网上办理，推广"税链"区块链电子发票平台，实现发票使用全免费、管理自动化。

10．降低企业纳税负担。全力落实国家降低制造业、交通运输业、建筑业和小微企业税收负担政策，将制造业等行业税率降至13%，交通运输业、建筑业等行业税率降至9%，扩大小规模纳税人、小型微利企业和投资初创科技企业优惠范围，按照50%的最高幅度顶格减征增值税小规模纳税人资源税、城市建设维护税、房产税、城镇土地使用税、印花税（不含证券交易印花税）、耕地占用税和教育费附加、地方教育附加等"六税两费"。

11．降低企业缴费费率和比例。落实国家部署，2020年执行全省统一的城镇企业职工基本养老保险用人单位缴费费率14%规定，工伤保险缴费费率阶段性下调30%，延长用人单位职工社会医疗保险缴费费率降为6.5%政策期限。企业可在5%至12%之间自主选择确定住房公积金缴存比例，生产经营困难企业可申请降低缴存比例或缓缴住房公积金。

### （五）跨境贸易

全面优化口岸通关流程，降低合规成本，充分利用信息化、智能化手段，提高口岸监管执法和物流作业效率，持续提升贸易便利度，推动各项服务达到全国领先水平。在南沙、白云机场等具备条件的监管现场实现全年"7×24"小时通关。

12. 优化口岸通关流程。拓展升级国际贸易"单一窗口"功能，由口岸通关领域向国际贸易管理全链条延伸，2019年实现货物、舱单、运输工具申报等主要业务应用率达到100%。加快智慧海港、智慧空港建设，推动口岸通关全流程无纸化、智能化。深化"三互"大通关改革，推动监管场地、设施共享共用。完善海运口岸24小时通关模式，优化出口方向"厂港联动""场港一体"业务流程，扩大试点范围，实现企业跨境贸易全天候通关。

13. 进一步压缩通关时间。提升口岸基础设施建设和作业水平，公示口岸通关流程、环节、时限和所需单证。推广"提前申报"模式，对进口铁矿、锰矿、铬矿、铅矿及其精矿、锌矿及其精矿推行"先验放后检测"监管方式，推进进出境运输工具一次性联合检查，加快建设全流程"线上海关"。

14. 降低进出口环节合规成本。全面实行口岸收费目录清单制度，清单之外一律不得收费。深化全市港口口岸和白云机场口岸实施免除查验没有问题外贸企业吊装、移位、仓储费用试点。免除货物港务费地方政府留存部分。

15. 创新口岸通关管理模式。加强与港澳在溯源、采信、检验检测、认证许可等互认合作。打造粤港澳大湾区"水上货运巴士"，整合内外贸同船、驳船水运中转和内贸跨境运输等多种水路运输模式，固定航线和航次，多港停靠、随装随卸，24小时通航。

### （六）获得电力

推动从企业用电申请到获得电力业务办理全流程重构，供电企业低压电接入办理时间不超过3个工作日，高压电接入办理时间不超过15个工作日。电力接入外线工程行政审批总时间不超过5个工作日。公告范围内的高压电外线工程、用电容量200千伏安及以下的低压电实现接电"零审批、零成本、零跑动"。全市中心城区平均停电时间不超过1小时。

16. 提升用电报装服务水平。申请人凭《建设用地规划许可证》、政府立项文件、物业权属证明或镇级以上人民政府出具的可供电证明等"任一"文件即可用电报装。高压电报装程序精简为"业务受理、方案答复、竣工装表"3个环节，低压电报装程序精简为"用电申请、勘察装表"2个环节。推行"互联网+用电报装"服务，主动公示报装和电价实施信息，实现"一次都不跑"。

17. 优化接入外线工程审批。接入外线工程行政审批并联办理，总时间不超过5个工作日，其中，规划许可办理时限压减至4个工作日内，交通疏解审核意见、开挖许可、绿化工程审批、水利工程审批办理时限压减至5个工作日内。

18. 推行"一窗式"审批服务。政务服务管理部门统一受理业务，推送至对应政府审批部门并汇总审批结果。建立"统一收件、统一出件、资料共享、同步审批"的网上并联审批机制。

19. 实行"信任审批、全程管控"。公布公共设施报装和报建领域承诺制信任审批事项清单，对于实行承诺制信任审批的事项，允许申请人在做出具有法律效力的书面承诺后即可获得审批，事后在规定期限内交齐全部审批要件。对违背信用承诺的失信企业，将其失信行为记入信用档案，依法依规予以限制。

### （七）获得用水

推动从企业用水申请到获得用水业务办理全流程重构，优化供水企业报装流程，有外线工程办理时间不超过10个工作日，无外线工程办理时间不超过4个工作日。用水接入外线工程行政审批总时间不超过5个工作日。

20. 优化用水接入外线工程审批，推行"一窗式"审批服务，实行"信任审批、全程管控"。统一精简和规范全市各供水企业报装服务程序，报装流程精简为"受理报装、施工报建、装表通水"3个环节，申请材料精简为"身份证明材料、可供水证明"。提升用水报装服务水平，在土地出让时提供用水连接技术指标清单，推动用地受让单位实施的供水工程与主体工程同步实施、同步完工、同步供应。推行网上申报服务。

### （八）获得用气

推动从企业用气申请到获得用气业务办理全流程重构，优化供气企业报装流程，有外线工程办理时间不超过10个工作日，无外线工程办理时间不超过4个工作日。燃气接入外线工程行政审批总时间不超过5个工作日。

21. 优化燃气接入外线工程审批，推行"一窗式"审批服务，实行"信任审批、全程管控"。统一精简和规范全市各供气企业报装服务程序，报装流程精简为"用气申报、验收通气"2个环节，申请材料精简为"身份证明材料、可供气证明"。探索建立公示开挖范围和施工周期内的燃气外线工程事项免审批机制。从严审核定价成本，降低城镇管道天然气输配气价格。

### （九）获得信贷

优化金融信贷环境，提升小微企业信贷可获得性，扩大科技信贷风险补偿资金池规模，破解民营企业融资难、融资贵等问题。

22. 设立融资风险补偿资金。广州市财政3年共安排5000万元资金，支持银行与融资性担保公司、再担保公司等合作为小微企业提供贷款业务并给予风险补偿。扩大科技型中小企业信贷风险损失补偿资金池规模，拓宽资金池受益企业范围，2019年实现合作银行翻番，发放贷款累计超120亿元。

23. 建立市区两级政策性融资担保体系。通过新设、控股、参股等形式以及联合担保、再担保业务合作方式，发展一批政策性融资担保机构。对新设立和新增资的区级政策性融资担保机构，市财政按不超过区财政出资额40%的比例配资，建立科学有效的风险分担机制。

24. 建设推广金融基础设施平台。建设中小微企业融资对接平台，逐步实现电水气等涉企信息接入，为金融机构向中小微企业授信提供支持。推广应用人民银行征信中心"应收账款融资服务平台""动产融资统一登记系统"。

### （十）知识产权创造、保护和运用

深化国家知识产权运用和保护综合改革试验，在探索知识产权证券化等方面先行先试。全面提升知识产权创造质量和运用效益，建立衔接配套、相融互补的多元化知识产权纠纷解决机制，打造全方位高效率的知识产权保护体系，创建"对标国际、引领全国、服务湾区"的知识产权强市。

25．建立最严格的知识产权保护制度。强化司法保护主导地位，充分发挥广州互联网法院、知识产权法院作用，大力压缩立案、审判期限，落实知识产权侵权惩罚性赔偿制度，推广适用技术调查官制度、举证妨碍规则，完善知识产权民事、刑事和行政案件审判"三合一"工作。细化司法保护、行政监管、商事仲裁、专业调解间的协调与衔接，统一知识产权行政执法立案标准，规范涉嫌犯罪案件的移送规则。探索推进粤港澳大湾区知识产权保护政策和执法机制对接，推动形成联合执法机制。充分发挥广州各类维权机构功能，建立知识产权"一站式"维权平台。加强知识产权信用监管，将侵犯知识产权行为纳入企业和个人信用记录，健全知识产权失信主体联合惩戒机制。

26．促进知识产权创造提质增量。优化专利资助政策，重点支持高新技术企业和科技创新小巨人企业专利创造工作，提升国际专利拥有量。实施专利强企工程，加大高价值专利培育和小微企业自主知识产权扶持，加强对高价值专利产业化的资助力度。完善专利导航工作体系，加强专利信息分析利用，定期发布重点领域知识产权动态，引导企业进行专利布局。支持指导企业申请驰名商标认定保护，培育一批具有国际影响力的广州品牌。

27．优化知识产权运营服务。推进商标注册、版权登记便利化，提供知识产权质押登记全流程服务，商标、专利质押登记办理时限分别压缩至3个和5个工作日内。高标准建设中新知识城知识产权服务园区和越秀知识产权综合服务中心，引进知识产权代理、法律、评估、运营等机构，打造知识产权全链条服务业态。扩大市重点产业知识产权运营基金投资规模，重点投向支柱产业和战略新兴产业，助推企业知识产权成果转化。多模式开展知识产权融资工作，建立银行、保险、财政分担风险的专利质押融资机制。

### （十一）打造"智慧政务"平台

在"数字政府"建设框架下，逐步实现全市政务服务"一窗受理、一网通办"，建成纵横全覆盖、服务全渠道、事项全标准、内容全方位的"互联网+政务服务"体系。2019年建成政务数据高度共享、涉企审批事项高度整合、政务服务各环节与所需数据高度对接的"智慧政务"平台。

28．建成"一网通办、全市通办"的总门户。整合各部门现有政务服务系统，重点推动开办企业、不动产登记、通关贸易等事项并联审批，推行集网上申办、网上审批、快递送达于一体的"零跑动"审批服务。依托市工程建设项目联合审批平台，实现电水气线性工程联合审批。2019年实现跨部门、跨区域、跨层级数据共享、身份互信、证照互用、业务协同。

29．加快推动"一窗受理、综合服务"。将部门分设的办事窗口整合为综合窗口，实现重点领域和高频事项"线上 一网通办、线下只进一扇门、现场办理最多跑一次"。2019 年全面实施"前台综合受理、后台分类审批、窗口统一出件"模式。

30．实现"信用奖惩、一键搞定"。将信用信息查询、联合奖惩措施应用嵌入各部门行政审批、事中事后监管等业务流程中。2019年实现自动推送信用核查信息、自动匹配红黑名单、自动嵌入奖惩措施、自动汇集反馈实施情况的信用奖惩、一键搞定"便捷模式。

### （十二）促进营商环境在更高水平上全面提升

推进破产制度体系建设，保护中小投资者，加强执同，提升法治化营商环境水平。强化劳动力市场监管，推进政府采购公开透明，破除招标投标隐性壁垒，培育和完善统一开放、公平竞争的市场秩序。加快构建以信用为核心的新型市场监管机制，构建更加弹性包容的新经济审慎监管制度，率先形成新经济企业成长加速机制。

31．提高办理破产效率。完善破产程序启动机制和破产企业识别机制，大力推广预重整制度，建立常态化的府院联动机制。推行破产案件繁简分流制度，推进"繁案精审，简案快审"，缩短破产案件审判周期，依法处置企业财产。

32．保护中小投资者的合法权益。依法加强对中小股东依法享有的表决权、知情权、利润分配请求权、监督权等权利的司法保护，正确运用股东派生诉讼制度。

33．加强执行合同。强化合同权益保护，合理判断各类交易模式和交易结构创新的合同效力，提高法院审判执行效率。健全商事合同纠纷非诉解决、速调速裁机制，探索国际商事网上调解方式，快速解决商事争议。

34．加强劳动力市场监管。开展劳动力市场监管专题研究，对劳动力聘用情况、工作时间、工作质量以及裁员规定、裁员成本进行全面摸查。规范人力资源市场秩序和用人单位招用工行为，构建权责明确、透明高效的人力资源市场事中事后监管机制。

35．加快推进政府采购公开透明。实施提升中介服务业发展质量的专项方案。建设与电商同步、交易自主、行为可溯的政府采购电子卖场，推进网上竞价和自主询价。进一步建立健全政府购买服务目录管理制度，扩大政府购买服务的范围和规模。

36．破除招标投标隐性壁垒。简化审批程序，不超过项目概算的政府投资项目单项工程合同变更及免招标由行业主管部门审批。全面取消招标文件事前备案。推进设计招标制度改革，落实招标人负责，工程设计公开招标可实行"评定分离"制度。

37．建立以"信用+监管"为核心的新型市场监管机制。建立健全全市统一的公共信用信息服务平台和联动体系，扩大信用信息数据归集范围。将信用信息查询和联合奖惩措施应用嵌入行政审批、事中事后监管、公共资源交易、招投标等业务流程，率先实现信用联合奖惩"一张单"。依托"双随机、一公开"综合监管平台，实现联合抽查常态化和抽查检查结果跨部门互认、应用。

38．构建包容普惠创新的新经济监管制度。实施广州市推动高质量发展实施方案，按照"鼓励创新、包容审慎、分类监管"的原则，推行综合监管、信用监管、柔性监管、沙盒监管等新模式，探索容错机制、包容期管理、多元化场景应用服务，构建适应新技术、新产业、新业态、新模式等"四新"经济发展的监管机制。

## 三、保障措施

39. 加强组织实施。深入贯彻落实省委、省政府部署安排，省经济体制改革专项小组要强化统筹协调，省各有关单位要积极支持配合，主动做好政策配套。广州市委、市政府要履行好改革主体责任，研究制定具体工作方案或实施细则，明确各项工作的时序进度和目标节点，确保改革落地见效。

40. 坚持企业需求导向。将市场主体的期盼和诉求作为推进改革的首要目标，将市场主体的获得感和满意度作为衡量改革的首要标准。设立多种形式的营商环境咨询、投诉、建议平台，畅通反馈渠道，专人负责收集企业诉求，及时回应社会关切，以优质的服务让广州营商环境更有温度。

41. 持续优化审批流程。广州市各相关部门要立足提高企业和群众办事的体验感和获得感，对行政审批事项进行全面梳理，按照即来即办、网上审批、上门服务、联合审批、容缺受理等类别逐项确定办理方式和流程。探索大数据审批服务新模式，应用云计算等先进信息技术，实现网上审批事项"应上尽上、全程在线"。制定公布"一站式审批"标准清单，实行动态管理，促进审批标准明确、流程优化、材料精简，进一步增强透明性和可预期性。

42. 突出试点带动。广州高新区（黄埔区）要率先对接港澳投资贸易规则，聚集创新要素，推动高质量发展，着力打造粤港澳大湾区营商环境示范区，争创国家级营商环境改革创新实验区。南沙区要充分发挥国家级新区和自贸试验区优势，创建粤港澳大湾区营商环境试验区，建设成为大湾区国际航运、金融和科技创新功能承载区，打造粤港澳全面合作示范区。

43. 加大宣传推介力度。在广州市政府门户网站设立"优化营商环境"网站专栏，展示全市各区各部门优化营商环境的经验成果、典型案例。及时全面公开优化营商环境政策制度，做好政策解读推介工作，实现各项制度文件一键可查，提升政策认知度、可及性。

 附录 《广州市推动现代化国际化营商环境出新出彩行动方案》 现代化国际化营商环境出新出彩

# 后　记

　　2018年10月，习近平总书记在视察广东时，要求广州实现老城市新活力，在综合城市功能、城市文化综合实力、现代服务业、现代化国际化营商环境方面出新出彩。为了贯彻落实总书记重要讲话精神，广州市将实现老城市新活力、"四个出新出彩"作为政治责任，坚持用习近平新时代中国特色社会主义思想统揽广州一切工作，用实际行动增强"四个意识"、坚定"四个自信"、做到"两个维护"，坚决扛起"双区驱动"重要职责和实现老城市新活力、"四个出新出彩"主体责任，全面提升城市发展能级和核心竞争力，为服务全国全省发展大局贡献广州力量。为了更好地服务广州推动实现老城市新活力、"四个出新出彩"工作大局，根据中共广州市委的统一部署，2019年，中共广州市委党校（广州行政学院）举办了优秀年轻干部学习贯彻习近平新时代中国特色社会主义思想专题培训班，来自广州市各条战线的100名优秀年轻干部，着眼于提高政治觉悟、政治能力和执政本领，系统学习了习近平新时代中国特色社会主义思想，并运用所学理论研究重大现实问题、指导工作实践。培训班取得了圆满成功。

　　这期培训班学员在中共广州市委党校（广州行政学院）教师的指导下，成立课题组深入开展实证调研，并围绕广州实现老城市新活力、"四个出新出彩"调研主题撰写了100多篇研究文章。培训班结束后，广州市委党校进一步组织教师对这些文章进行了编选，收入本书的78篇文章，是其中的部分优秀成果。文章就广州实现老城市新活力、"四个出新出彩"相关领域的一些重大问题提出了很好的建议与设想，具有较高的理论水平和参考价值。近年来，广州市委党校大力推动教学培训、科学研究与决策咨询相互促进、协同发展，积极鼓励党校学员参与决策咨询工作，这些论文作为这一探索所取得的阶段性成果，也充分说明了创新教学方式、推行研究式教学，有利于改善党的领导干部培训的综合效果，并能够更好地发挥党校作为党委和政府决策服务智库的作用。

孟源北研究员负责了本书的选题、基本思路、框架设计和最后的统稿定稿等工作，并撰写了全书导论及《现代化国际化营商环境出新出彩》总论等篇章。李仁武教授、温朝霞教授、王超教授、万玲教授、杨姝琴副教授撰写了部分章节。本书的出版得到了中共广州市委党校（广州行政学院）校院领导丁旭光副校长、陈晓平教育长以及敖带芽教授、黄丽华教授等专家及教务处、科研处、学员管理处等相关部门的指导和支持；也得到了广东人民出版社领导及责任编辑梁茵、廖志芬、陈泽航的全力支持。刘泽森、吴玮莹、孙蔷薇、陈钰娟、唐薇、李晓敏、吴泳钊、李东泽等在本书资料收集整理及全书统稿工作方面作出了重要贡献。本书的写作还参阅借鉴了国内外多位专家学者的研究成果。在此一并表示衷心感谢！

由于本书是集体合作的成果，不同作者的视角难免有所差异。同时，由于时间、水平所限，本书的研究深度还有待进一步加强，若有疏漏之处，敬请各位专家和读者不吝批评指正！